聪明孩子提前学

神秘的海洋世界

[德]西格丽德·邵尔腾 编著

闫健 译

无敌百科+知识拓展+趣味游戏

中国铁道出版社
CHINA RAILWAY PUBLISHING HOUSE

致小读者

在我们的地球上，没有任何东西比海平面以下的海洋世界更加神秘和令人着迷了。然而今天我们对于海洋深处生物的了解却远比宇宙或者我们身处的太阳系要少。

也许我们也常常会问自己海面之下是怎样的一个世界，并且梦想着有一天可以潜入多彩的珊瑚礁丛，漫游在那广阔浩瀚的大海，亲眼看一看海洋深处那神秘的世界。

本书将带领我们在海中潜行，海洋世界的神秘面纱即将揭开。波光之下的美景、凶残可怕的"海底霸王"以及五彩斑斓的鱼儿正在等着我们呢！小丑鱼怎样生存？所有的天然海绵都是黄色的吗？真有适用于鱼儿的清洗设施吗？如果想知道答案，不妨"潜入"书中开始一段伟大的冒险之旅吧！

获取知识的前提是好奇心……

法国海洋家　雅克·伊夫·库斯托（1910—1997年）

你知道吗？

迄今为止，有近**250000 种动物和植物**生活在海洋中。但实际上海洋中生活着、游动着哪些生物，人们对此只有一个大概的估计。不过有一点可以肯定，80%的生物都来自于海洋。

地球——蓝色星球

小朋友们一定见过地球的卫星图。从太空中看地球是蓝色的，你们发现这一点了吗？这是由于地球表面2/3以上的部分都被海洋覆盖着，所以地球也被称为蓝色星球。

我们地球上几乎所有的水都在海洋之中，水量多得难以想象——超过13亿立方千米。

海洋还是所有生命的起源之地。最早的生物就出现在海洋中。它们在数百万年之前就已经出现了，然后在漫长的进化过程中逐渐从海洋转移到其他区域。

知识拓展

地球表面的2/3——也就是超过3亿平方千米——被海水覆盖着，这一面积相当于德国国土面积的830倍！

字母探秘

在下面字母表中隐藏着6种海洋生物的英文单词，它们分别是CRAB（螃蟹）、INKFISH（墨鱼）、DOLPHIN（海豚）、WHALE（鲸）、LOBSTER（龙虾）和SHELL（贝）。小朋友们能把它们全部找出来吗？小提示：可以横向、纵向或斜向寻找。

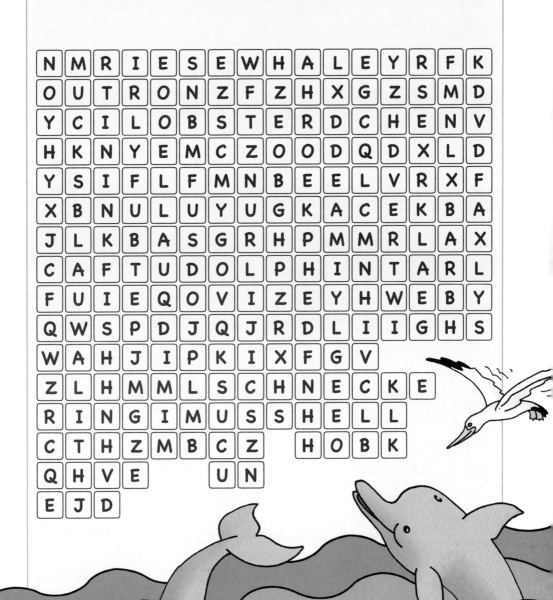

海洋真是蓝色的吗？

有一种现象非常奇特：当我们遥望大海的时候，会发现海水是蓝色的；但如果我们将海水装入杯子中，就会发现海水是清澈透明的。许多人认为，这是因为天空的蓝色倒映在了海水中，所以海水看上去才会是蓝色的。事实上，海水的蓝色与天空没有任何关系。真正的原因是光，是光赋予了海水蓝色。光是由不同的颜色组成的。当下雨后空中出现彩虹的时候，你能非常清楚地看到这一点。清澈的海水有吸收光的颜色的特性，并且遵循着一条规律：水越深，被吸收的颜色就越多，而只有蓝色会被反射出去。水越清澈、越深，那么看上去就越蓝。

如果水中有许多海藻、浮游生物等微小有机物，那么就会吸收更多的蓝光，此时水看上去就接近绿色了。

为什么海水是咸的？

小朋友们有过不小心误吞过海水的经历吗？海水又咸又涩，不能直接饮用。1升海水的含盐量约为35克。海水中的盐有不同的来源：

1）雨水冲刷岩石中的盐晶体，使这些晶体随着水流一同进入大海。

2）火山爆发留下的氯和硫等气体在海水中与其他成分发生反应转变成了盐。

3）在大陆漂移过程中（详见本书第103页），地壳板块发生断裂，巨热的岩浆流入海水中，与海水发生反应，生成盐。

海水蒸发以后，盐分就会保留下来。这些盐在盐场经过烘干、净化等加工处理之后就成为我们饭桌上的调味品——食盐。

你知道吗？

水里的盐分含量越高，水的浮力就越大，也就是说，即使很重的物体落入水中也不会轻易地沉下去。位于以色列和约旦之间的死海水中的含盐量就很高，以至于人可以轻松地浮在水面之上而不会下沉。

五大洋

我们现在的海洋由五个大洋组成：

1）太平洋

2）大西洋

3）印度洋

4）北冰洋

5）南冰洋

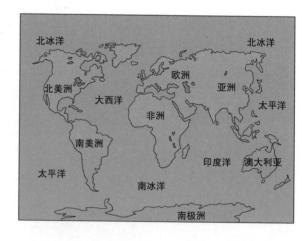

知识拓展

里海和**死海**完全由陆地环绕，所以它们其实不是海洋，而是大型的咸水湖。

所有的大洋通过洋流彼此相连。除了上述的五大洋之外还有一系列近海，其中最著名的有：

● 地中海

● 北海和波罗的海

● 里海

● 中国的黄海、东海

● 红海

● 黑海

这些近海通过大大小小的海峡与大洋相连。

位于地中海的直布罗陀海峡是世界上较为狭窄的海峡之一，它的最窄处只有14千米宽。它连接了地中海与大西洋。

太平洋

面积：约1.6亿平方千米

太平洋是我们地球上最大、最深的海洋，最深的地方是深度超过10000米的马里亚纳海沟。我们可以做一个假设：我们将地球上最高的山峰——珠穆朗玛峰（8848米）填入其中，山顶也不会露出水面。这片浩瀚的海洋比所有陆地的面积加起来还要大。它从亚洲东海岸一直延伸到美洲西海岸，宽度约为17700千米！太平洋在南部与南冰洋相接，在西南则与澳大利亚海岸相接。由于太平洋的面积十分广阔，所以几乎流经了从赤道两侧的热带气候到极地海洋寒带气候的所有气候带。

你知道吗？

海洋的英文单词"ocean"来源于希腊语"okeanos"。在古希腊时期，人们认为okeanos是一条沿着地球流动的河，并将它奉为神明。

知识拓展

太平洋最初被称为宁静的海洋。它的英文名称"pacific"是由拉丁语"pax"而来，意为平静。这一名称出自16世纪初一位著名的葡萄牙航海家——麦哲伦之手。当时他在探险旅程中驶入太平洋，感觉到这片海域格外平和与宁静，太平洋的名字便由此而来。

大西洋

面积：约1.06亿平方千米

大西洋是世界第二大洋，最宽处约为9600千米。大西洋延伸于北冰洋与南冰洋之间，长度超过11500千米，与南美洲、北美洲、欧洲和非洲相接。它的名字（英文：Atlantic Ocean）来源于一则希腊神话：古希腊人认为，直布罗陀海峡的后面就是世界的尽头，也是阿特拉斯神（Atlas）擎天的地方，因此就以他的名字为大西洋命名。大西洋最深的地方是波多黎各海沟，深度约为9000米。

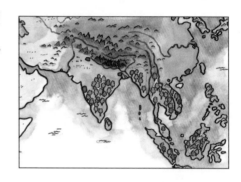

印度洋

面积：约7500万平方千米

印度洋是世界第三大洋，包含至少5000个岛屿。非洲的马达加斯加和印度海岸的斯里兰卡是其中最大的岛屿。此外还有马尔代夫、拉克代夫、塞舌尔等包含一些小岛的群岛。这些岛屿因其梦幻般的沙滩以及美丽的青绿色环礁湖而跻身于最受欢迎的旅游地之列。印度洋与东非、澳大利亚以及亚洲相接，因为位于像鲨鱼牙齿一样深入大海的印度半岛南面，故名印度洋。在南面，印度洋与南冰洋相接。最深处是蒂阿曼蒂那海沟，深度约为8000米。

白日梦之谜

马克思梦到了夏日、阳光、沙滩和大海，这会是什么地方呢？图中的英文单词会告诉我们答案，但不巧的是单词的字母顺序被打乱了。小朋友们能揭开马克思的白日梦之谜吗？

北极和南极——海洋的两极

尽管北极与南极彼此离得很远，但却有一个共同点：它们都被冰雪覆盖着。

北面的极地区域被称为北极。北冰洋是它的中心，深度超过5000米。北冰洋是五大洋中最小的一个，面积约为1400万平方千米。它与北美洲、亚洲、格陵兰岛以及欧洲相接。由于北极地区异常寒冷，所以中心地带都是由巨大的冰层组成的。这些冰层漂浮在北冰洋上，厚度可达6米。围绕

着冰层的是浮冰。到了冬天，这些浮冰就会与周围国家的海岸连接起来，因而构成了连续的平面。到了夏天，边缘区域的一部分冰又会融化开裂，然后成为移动的冰块，也就是漂浮在海上的大块浮冰。

北极地区的气温常常在零下30摄氏度以下，小朋友们看到这里可能会感慨一句："啊，好冷！"。从零下1摄氏度开始，海水也会结冰，从而形成浮冰。不过这里虽然冰天雪地、寒冷异常，却也生活着哺乳动物，比如行动笨拙的海象、灵巧机敏的海豹就是这里的居民。此外还有北极熊，它们是出色的游泳员和潜水员，以海为生，是北极地区名副其实的王。这些动物对冰上生活都有着惊人的适应能力。

南面的极地被称为南极。与北极地区不同，这一地区的中心是陆地，被一层厚厚的冰层覆盖着。在过去数年中，这里的冰层不断融化。原因之一可能就是全球气候变暖。南极洲是地球上最寒冷的一个大洲，被南冰洋环绕，这里也是企鹅的故乡。南冰洋面积大约为2000万平方千米，最深处可达8320米。在这一区域，大西洋、太平洋和印度洋三大洋相互交汇。南极地区最冷的月份是7月，因为此时太阳离它最远。从地球上所测到的最低温度也出现在南极——零下89.2摄氏度，这一气温是在1983年7月21日测出的。

你知道吗?

冰山只有大约**1/6**的部分是露在水面之上的，其余部分都藏在水面以下。

知识拓展

为什么冰会漂浮在水面上?

当水温降到零下1.8摄氏度以下时，水中便会出现细小的冰结晶。由于水结成冰后比未结冰时密度低，因此比水要轻，所以冰会漂浮在水面上，即使是巨大的冰山也不会沉没。

不同的海洋层

没有任何一处地方能像海洋一样有着如此丰富多样的生命群。但在海洋的不同区域，并非所有动物都有相同的感觉。由于深度、气温以及营养物质的不同，海洋中也存在着不同的生存区域。为此科学家将海洋分成了不同的层。

第一层——从陆地来看——是由沿海水域构成的平缓区域，我们称之为大陆架。这里营养丰富，是生物的主要活动区域。由于光线可以射入，所以这里生长着很多水下植物，它们不仅为海洋生物提供了很好的栖身之所，也为海洋生物提供了丰富的食物来源。

你知道吗？

海底和陆地一样，也有低谷、山脉、斜坡、平原以及深沟，并不是一马平川。有些海底山脉可以绵延数千千米，看起来蔚为壮观。

到了海面200米以下会变得越来越暗，并且不再有植物。从大陆架的边缘到3000米深的海洋底是陡峭的大陆坡，这一区域是海洋的第二层。在这一层中，动物们在广阔的海域中活动，常常会游走数千千米寻找食物。这一层的下部区域又叫深海层，是"水下荒漠"，主要由碎石和泥浆组成。深海层的延伸长度可达2000千米，底端漆黑一片并且寒冷无比。然而尽管如此还是有一些生物在这里找到了生存的方法。

第三层就是海沟了，有些海沟深度甚至可以超过10000米。

海洋里的秘密

　　小朋友们认识下面图片中的动物吗？如果你们认识4种以上的动物，那就非常了不起了。那就让我们来试试看吧！另外图片下方小方框分别对应的是哪些动物呢？

鲸鱼——海洋中的庞然大物

鲸鱼属于海洋哺乳动物，生活在海洋中。与那些靠腮在水中吸收氧气的鱼不同，鲸鱼像我们人一样用肺呼吸，所以它们要定期潜出水面。鲸鱼的头顶有一个气孔，它们就是借助它

来进行呼吸的。那么这个气孔是怎样发挥作用的呢？鲸鱼的呼吸时间只有两三秒。我们可以想象一下，在如此短暂的时间里，鲸鱼要吸进和呼出大约2000升的空气。由于呼出的空气要比外部气温低，所以空气中的水汽就会出现凝结，于是就产生了几米高的气压喷泉。等到鲸鱼再次下潜以后，它们会将吸进的空气保持在体内。这样它们就可以在下次潜出水面之前在水下待上至少半个小时。

鲸鱼可以分为齿鲸和须鲸。齿鲸有一个气孔，而须鲸则有两个。

逆戟鲸的骨架

知识拓展

鲸鱼尾部的鳍被人们称为**尾鳍**，背部的鳍被称为**背鳍**，而身体侧面桨状的鳍则被称为**蹼状鳍**。

齿鲸家族成员

海豚
逆戟鲸
鼠海豚
抹香鲸
独角鲸
……

须鲸

须鲸口中没有牙齿。它们的上颚处长有一个细长的角状板，看上去就像梳齿一样。这种梳齿状的东西叫做鲸须。进食时，须鲸会用力吸水，然后闭上嘴，用鲸须将水挤压出去。这样一来，细小的生物就挂在了筛子一样的鲸须上，之后就会成为须鲸的腹中餐。几乎所有大型鲸鱼都是须鲸。它们最喜欢的食物是磷虾。磷虾是一种小型虾，比我们的手指略短一些，含有大量的蛋白质、维生素和矿物质。当夏天到来的时候，磷虾会在极地区域出现。须鲸常常就会不远万里来寻找这种美食。

在所有的须鲸当中，露脊鲸的鲸须最长，长度可达3米。

须鲸家族成员

蓝鲸

座头鲸

塞鲸

小须鲸

露脊鲸

北极露脊鲸

灰鲸

……

蓝鲸

　　蓝鲸是世界上最大的鲸鱼，也是世界上最大的动物。它们的长度可达33米，相当于12层楼那么高。它们的体重可达130吨，相当于大约130辆普通小汽车的重量。因此它们属于迄今在地球上生活过的最大的生物之一。可惜的是这种大型动物已经不多了，因为长期以来蓝鲸一直遭到围捕，如今已经属于极度濒危动物。40多年来，围捕蓝鲸一直被明令禁止，尽管如此还是有不少不法分子在猎杀蓝鲸。

　　还有一点非常奇怪：这种现存最大的动物仅仅依靠磷虾来养活自己。一头蓝鲸每天大约要吃掉一吨的磷虾。而以磷虾为食的还有海豹、乌贼、海鸟等。

　　蓝鲸的皮肤下面有一层非常厚的脂肪层，可以抵御严寒，我们称之为鲸脂。它的厚度可达50厘米。蓝鲸产下的幼仔在出生时就已经有两吨重了，相当于两辆小汽车的重量。小鲸仔每天要喝掉大约600升奶。一个星期之内，它的体重就可以翻番。

座头鲸——重量级杂技演员

座头鲸似乎可以不费力气地从水中盘旋而起，直至尾鳍离开水面，然后再让自己以极快的下坠速度再次落入水中。它们在进行这套"杂技表演"时必须拖动大约40吨的重量，相当于8头成年大象的重量。此外，座头鲸还发明了一套专业的捕鱼技术：它们会围着鱼群来回盘旋游动，从它们的呼吸孔里呼出的小气泡会发出"咕噜咕噜"的声音。这样就出现了一道银色的水帘，鱼就被困在了里面。这时，座头鲸只需游到中间就可以一大口吞掉它们的美食了。

你知道吗？

座头鲸以其复杂的叫声而闻名。雄性座头鲸在求偶时为了吸引雌性座头鲸，通常会围着雌性座头鲸不停地啼叫，就像唱歌一样。这种求偶唱歌比赛往往会持续几个小时。

火眼金星

下面的图片里有多少只鲸鱼呢？

齿鲸

在80多种鲸鱼当中，大多数鲸鱼都属于齿鲸。为了清楚地了解水中动物的动向，齿鲸发明了一种类似于第六感的东西：它们能够发出一种高频率的、人耳听不到的"咔嗒"声。如果这些声波遇到障碍物，那么它们就会像回声一样反射回来。反射回来的声波就告诉了齿鲸四周环境的准确情况。水里可能漆黑一片，尽管如此齿鲸们还是能够知道是否有可口的猎物停留在附近，或者是否有白鲨正在朝这里游来，从而确保自己的安全。然而，到今天为止，人们都没有弄清楚，齿鲸是怎么区分食物和危险的。

齿鲸是一种很温情的动物。它们彼此互相帮助：当有同伴受伤时，它们会将同伴托到水面上帮助它呼吸；如果母鲸要潜到海水深处去寻找食物，其他齿鲸就会在这段时间内帮着照料小鲸仔。

图形数独

请小朋友们帮宝拉将旁边的图形数独补充完整。小提示：在每一行和每一列中，每一个图形只能出现一次。

抹香鲸——潜水冠军

抹香鲸可算得上是海洋动物中名副其实的环球旅行者了。它们在地球上所有的大洋之中漫游。无论是在北极地区，还是在温带、热带，人们都可以发现它们的身影。它们穿越印度洋、大西洋和太平洋，有时甚至会出现在地中海。这种长达20米、重达50吨的巨型动物是多项纪录的保持者：它们是在地球上生活过的所有齿鲸中个头最大的；它们有着动物所能拥有的最大的大脑；它们拥有绝对算得上最长的牙齿——一只成年抹香鲸的牙齿可以达到25厘米长；它们一颗牙齿几乎重1千克！除此之外，还有一项纪录也落在了抹香鲸头上：没有任何一种哺乳动物能够比它们潜水更深，时间更长。在寻找最喜欢的食物——深海枪乌贼时，它们甚至可以潜至3000米深的水中，并且能够在水下停留90分钟。

火眼金星

下面哪个是鲸鱼阿黑的影子呢？

1

2

3

4

5

独角鲸——海洋中的麒麟

在齿鲸当中，独角鲸的牙齿最少，只有一颗（很少情况下会有两颗），却相当有威力。它有两米长，像烤肉叉一样从头部伸出。不过这种牙齿并不适合捕鱼。独角鲸不是用牙齿刺穿食物，而是将食物吸进体内。乌贼是它们最喜欢的美食。

独角鲸的牙齿虽然不能用来捕食猎物，但其作用也不容忽视。螺旋形的长牙看上去与象牙非常相似，能对来犯的敌人起到震慑作用。独角鲸生活在北极地区寒冷的水域中。

知识拓展

对于北极地区的因纽特人来说，独角鲸是最为重要的食物来源。除此之外，他们还会将独角鲸的牙齿雕刻成小型工艺品，从而再额外获得一些收入。早在中世纪时期，独角鲸的牙雕工艺品就已经是非常昂贵的奢侈品了。

白鲸

白鲸是独角鲸的近亲，不过与独角鲸截然不同的是它们有32到50颗牙齿。白鲸也生活在北极区域，通体雪白，性情温和，体长约为5米。白鲸发出的声音可以说千奇百怪。它们既可以发出低沉的"哼哼"声，又能发出尖锐的"嘎吱"声，甚至还能发出小鸟一般的"啾啾"声。它们发出的一些声音，人们在水面上都可以听到。

逆戟鲸——海洋中的杀手

逆戟鲸是一种极其热爱并忠于自己种群的鲸鱼。它们的身体为黑白两色，体型庞大，体长约为10米，重量可达5吨。如果我们到真正的大自然中去观察它们，定会为它们的美丽、灵活和敏捷所折服。逆戟鲸可以轻松地在水中以每小时超过50千米的速度疾驶。更让人感到惊奇的是，在与同伴一起玩耍时，它们可以让自己的身体冲出水面，然后给人们留下印象深刻的一跃。与此同时，它们会发出极其嘈杂的声音，使远处的逆戟鲸都能听到。

多数情况下，逆戟鲸会选择与30多个同伴生活在一起，组成一个大家庭，人们称之为鲸群。对于它们而言，这个群体通常会维持一生之久。

逆戟鲸的鳍可以耸出水面两米多高。它们还有一个我们更熟悉的名字——虎鲸。此外，由于它们生性凶猛、善于捕猎，人们也把它们称为杀手鲸。它们是机智敏捷的海洋猎手。为了捕获海豹，它们有时会将沉重的身体滑到其他动物认为安全的海滩上，或者数只逆戟鲸共同制造出巨大的波浪，将海豹从安全的浮冰上冲入水中。

逆戟鲸是没有天敌的，当然，除了人类之外。

大家来找茬

这艘轮船的倒影与它本身并不完全相同，而是有8处不同，小朋友们能找出来吗？

海豚——海洋中的小丑

海豚是一种非常特殊的海洋生物。早在古希腊时期，人们就已经被这种"水中杂技演员"所吸引。在人们眼中，它们是高贵的动物，是上帝的使者，所以杀害海豚在当时是非常严重的罪行。

海豚属于齿鲸家族，是哺乳动物。海豚幼仔在出生过程中，尾鳍会先从母体中出来，这样就可以保证在出生时不被溺死。出生后的幼仔会被母海豚哺乳一年。不过由于海豚没有嘴唇，所以一旦幼仔触碰到了海豚妈妈的乳头，海豚妈妈就会把乳汁直接喷入幼仔的口中。和其他所有哺乳动物一样，海豚也是用肺呼吸，所以必须游出水面换气。

几乎在世界上所有的海域我们都能发现海豚的身影。在多数情况下，数只海豚会聚集成一个大家庭，生活在一起，人们称之为海豚种群。至于种群中有多少位成员，取决于海豚的种类。最大的种群是斑海豚种群：人们已经在海洋中发现了成员数量超过1000的斑海豚种群。

海豚的种类很多，宽吻海豚是其中名气最大的。宽吻海豚长约4米，嘴喙细长，看上去就好像一直在微笑。而当它们发出吼声时，听上去又像在放声大笑一样。

海豚可以发出"嘘嘘"声、"啾啾"声、"咔嗒"声等多种不同的声音。它们善于沟通，也乐于和同伴一起玩耍。

海豚是一种非常贪玩的动物。它们常常在水中纵情地嬉闹玩耍，并做出优美的翻越动作。它们也会追逐船只，随着船只驶过水面激起的波浪颠簸起伏。它们的"杂技表演"常常让人忍俊不禁，所以被人们冠以"海洋中的小丑"之名。现在这些家伙们甚至都被用于医疗了。

海豚头部圆孔有什么作用？

像其他许多齿鲸一样，海豚的头部也有一个圆孔，这是海豚身上位于气孔附近的一个器官。人们推测，这一器官或许是海豚用来发送声波的。通过声波海豚可以确定猎物的位置。遇到障碍物时，声波就会像回声一样折回来，然后海豚就可以得到周围环境的一幅准确的"声音画面"了。

神秘的 海洋世界

大家来找茬

下面两幅图共有9处不同，小朋友们能找出来吗？

鱼

鱼生活在世界上所有的海域中。人们将鱼分为硬骨鱼和软骨鱼两类。大多数鱼都属于前者，而鲨鱼和鳐鱼则属于后者。与哺乳动物不同，鱼不是用肺来呼吸的，而是用它们的腮在水中将空气的氧气过滤出来，用以呼吸，所以人们又将鱼类称为腮呼吸类动物。

大多数鱼身上都有鳞片。它们位于对鱼身起保护作用的黏液层下方，呈瓦片分布排列。鳞片像甲胄一样保护着鱼，但却不会影响鱼的活动。相反，有了它们，鱼可以在水中自由游动。

纪录保持者

海洋中游动速度最快的鱼是太平洋中的**旗鱼**。这种鱼体长大约为3.4米，重约100千克。在短距离内，它们可以像鱼雷一样以超过每小时100千米的速度在水中疾驰。

硬骨鱼的整个骨骼或者一部分骨骼是硬的。吃鱼时，我们可以通过骨架中间的鱼刺或细小的鱼刺来判断是否是硬骨鱼。

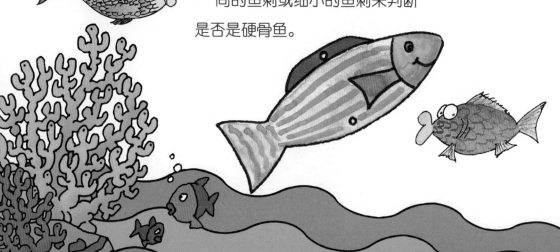

鲨鱼——臭名昭著的劫掠者

危险的杀手、冷血的食人者、善于攻击的食肉机器，这些让我们感到恐惧的词都是用来形容一种动物——鲨鱼的。相信小朋友们也听过一些关于鲨鱼的惊险故事。可以说鲨鱼名声很差，但这其实并不公平，因为每年因为鲨鱼而丧生的人微乎其微。而与此相比，被从树上掉下来的椰子砸死的人可能更多，虽然这种事情平时也是很少发生的。

与许多其他野生动物一样，鲨鱼也是食肉动物。当它们感到饥饿或恐惧时，就会发动进攻。但在分布于世界各个海域的350多种鲨鱼当中，只有少数是真正对人类有危险的。这其中包括虎鲨、牛鲨、白鲨以及远洋白鳍鲨。此外，蓝鲨、双髻鲨、柠檬鲨也曾对人类发起过攻击。事实上，大多数鲨鱼见到我们时就像我们见到它们一样害怕。

鲨鱼分布在世界上所有海域，从北极到南极、从温带到热带我们都能见到它们的踪影。大多数鲨鱼生活在远洋海域，不过也有一些会游向海岸附近。

鲨鱼属于软骨鱼。它们的骨架不是由硬骨组成，而是由一种可弯曲的软骨组织构成的。通过软骨组织，鲨鱼可以变得非常灵活敏捷。不同的鲨鱼在外形上也有很大差别。它们的体型是由它们在海中的生存地方和生存方式决定的。但所有的鲨鱼有一个共同点，即它们在头部的侧面都有5到7根腮裂。

白鲨

白鲨是海洋中最臭名昭著的猎手。这个庞然大物喜欢悄悄地在水中寻找海豹、海狮、鱼类以及海龟等食物，甚至可以为此不远千里地游走。凭借6米多长的身躯、3吨之多的体重，白鲨可以算得上是鱼类中最大的食肉动物之一。

也许你们曾听说过白鲨有意攻击冲浪者的事情。当冲浪者在冲浪板上迎风破浪时，在水下的白鲨眼中，他们看上去与海豹所差无几。海豹可是白鲨最喜欢的食物之一，所以这种不幸的误会就发生了。

迄今为止，白鲨都被视为独行者，但最新的研究却得出

了一项有趣的结论：在漫长的旅程当中，一些雄性白鲨会在中途停留，在"白鲨咖啡馆"里小憩片刻。"白鲨咖啡馆"这一略带玩笑意味的称呼是指位于墨西哥和夏威夷之间的白鲨聚集点。在这里，人们有时也会发现雌性白鲨的身影。研究者猜测，在这一区域的海洋深处，白鲨会进行交配。

知识拓展

白鲨属于**世界濒危动物**。

巨口鱼

鲸鲨和姥鲨是最大的鲨鱼，它们分布在世界各大洋中。鲸鲨体长在10米左右，重量可超过10吨。我们可以做一个比较：一头成年雄象的体重才五六吨而已。虽然体型庞大，但这类巨型鲨鱼却性情温和。它们在水中游动，用嘴吸入水后，再通过腮将水过滤出去。通过这种方法，蟹、浮游生物等微小生物就挂在了它们口中一个像鬃毛一样的过滤器官上。鲸鲨就是靠食用这些微小生物为生的。

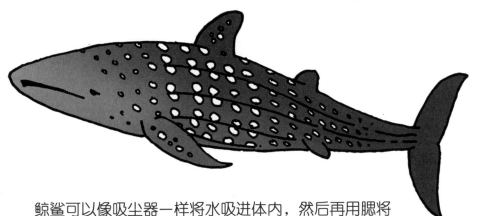

鲸鲨可以像吸尘器一样将水吸进体内，然后再用腮将水挤压出来。与鲸鲨不同，姥鲨不会主动寻找猎物。它们在水里游动时会张开大嘴，海水会自动推入腮中，通过这种方式它们可以过滤出食物。

知识拓展

通过过滤方式在水中摄取食物的动物被称作**滤食性动物**。

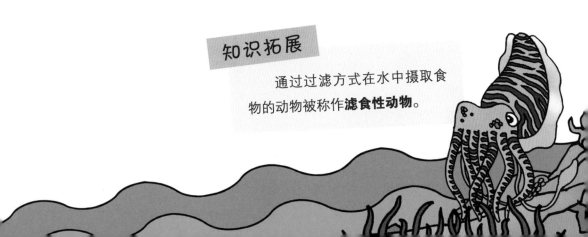

最小的鲨鱼

最小的鲨鱼体长大约只有20厘米，是鲨鱼中的小矮人，所以人们又把它们称为侏儒鲨。它们生活在热带海洋里，在200到500米之间较深的海水层活动，并以乌贼以及其他生活在深海区域的鱼类为食。

鲨鱼皮

如果能有机会触摸到鲨鱼的表皮，你们一定会倍感惊奇。当我们从鲨鱼头部向尾部抚摸时，会感觉到鲨鱼的表皮非常光滑，但如果反方向抚摸，也就是从尾部向头部抚摸，就会感觉它像砂纸一样粗糙。这是因为鲨鱼的皮肤是由数百万计的微小细齿组成的。这样的组织结构可以使鲨鱼在水中轻松敏捷地游动。此外，鲨鱼皮还曾是人们制造砂纸的原料。

单词转盘

下面每一个转盘中都隐藏着一种海洋动物的英文单词，小朋友试着把它们找出来吧！小提示：请按顺时针方向进行。

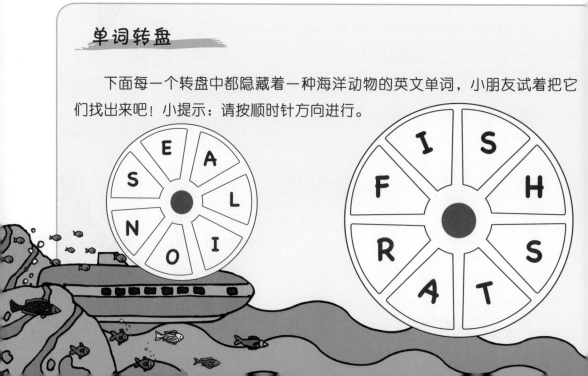

鲨鱼的牙齿

不同种类的鲨鱼会有完全不同的牙齿，这种不同取决于它们的生活方式和食物。令人印象尤为深刻的是白鲨的牙齿：它们的牙齿长约7厘米，像牛排刀一样锋利。鲨鱼会不断地长出新牙。当一颗牙齿脱落以后，几天之内，牙齿脱落的地方就会再长出一颗新牙。

大型鲨鱼整副牙齿能达到3000颗。此外，在它们的一生中还会再长出20000多颗新牙。

对于鲨鱼而言，一颗牙齿断裂或脱落都毫无关系。但对我们人类而言可完全不一样。我们只会长两次牙：一次是乳牙，另一次是恒牙。

知识拓展

鲨鱼的牙齿不是固定的一排，而是多排。前排的牙齿脱落后，后一排的牙齿就会向前移动，填补脱落牙齿的空缺。

自身具备的六种感觉

对于鲨鱼而言，要想捕猎成功，具备出众的感觉意识是极其重要的。通过灵敏的感觉，鲨鱼可以侦查并了解水下世界的情况。敏锐的感觉是鲨鱼4亿多年来保持其种类特征的前提。

鲨鱼的视觉很棒，甚至在光线很暗的海水深处它们都能找到猎物。一些鲨鱼在发起进攻时，眼睛会卷入内部，这样就可以保护眼睛不受伤害。

为了追踪远处的猎物，鲨鱼还会使用听觉和相当独特的嗅觉。它们可以用整个身体感受到两千米以外动物的声波，并且可以闻到500米远的血腥味，即使血液已经被海水稀释了百万倍。

像所有鱼类一样，鲨鱼也有一个侧线器官，通过它鲨鱼就可以确定猎物的方位。这一器官会对水压的变化做出反应。任何一个微小的活动在水下都会产生振动波。如果四周出现了活动，鲨鱼就能感觉到振动波和水流的变化。这样就什么都逃不过它们的掌握了。

侧线器官

猎物是否会被鲨鱼大口吞食取决于它们是否合鲨鱼的胃口。鲨鱼味觉灵敏，因此当它们第一次接触到陌生食物时，总是先尝试小口品尝，食物合乎它们胃口之后才会大口吞食。

所有的鲨鱼都有一个感觉器官——罗伦氏壶。它位于鲨鱼的前头部，通过它鲨鱼可以感受到猎物由于心跳以及肌肉收缩所释放出来的电流，所以即使所有其他感官都失灵了，鲨鱼也不会挨饿。通过罗伦氏壶，鲨鱼甚至可以追踪到那些藏身于沙子中的猎物以及纹丝不动的猎物。

知识拓展

双髻鲨的**罗伦氏壶**位于其"锤头"底侧的前部。就像使用金属探测器一样，双髻鲨会用它在海底进行"扫描"，以此来发现猎物。

繁殖

大约1/3的鲨鱼会产卵。产出的卵被密封在角状卵囊中。在这些保护性的卵囊上常常会有一些纤维物，它们可以将鲨鱼卵固定在水生植物上，这样卵就不会被水冲走了。

现存的鲨鱼中有大约2/3在体内孵卵。母鲨会将自己所产的卵保存在具有保护作用的体内。在经过6到22个月的孵化期之后，这些卵就变为独立成活的幼仔了。

剑鱼和锯鳐

一些鱼种身上长有危险的"武器"，比如剑鱼就长有长长的剑状上颚。这支"剑"可以占到它们身体总长的1/3。成年剑鱼长度在2到3米之间，重量可达100到250千克。

除了剑鱼以外，鳐鱼科的锯鳐也是配有"武器"的鱼种。当你们看到右边这幅图时，你就知道"锯鳐"这一罕见特别的名字从何而来了。锯鳐的上颚看上去就像是一根长长的锯子，这也算是一种吻突。

这根"锯子"的长度常常占到锯鳐体长的1/3，最长可达1.5米，其主要作用是击打食物。遇到食物时，锯鳐会游进鱼群中央，并用它们的"锯子"四处击打，被击伤的鱼虾自然而然就成为了它们的腹中餐。

除此之外，锯鳐还能用它们的"锯子"在泥浆里来回翻掘，目的是找到藏身其中的虾蟹等。

不过锯鳐并不是唯一长有"锯子"的鱼种。锯鲨也是用相同的方法捕食猎物。它们生活在南大西洋、印度洋以及西太平洋。

英文充电站

　　宝拉在沙滩上漫步时发现了6样东西。小朋友们知道这6样东西所对应的英文单词吗？请将单词和对应的序号连接起来吧！

sand castle

wood

cork

rope

shell

crab

鳐鱼——水下飞行家

鳐鱼和鲨鱼是近亲，但它们的外形却非常另类，不过这并不奇怪，因为这是由它们的生活方式所决定的。大多数鳐鱼都是海底猎手，它们紧贴海底游动，寻找可口的食物。一些鳐鱼甚至会将自己掩埋在海底的泥土里，等待着猎物的出现。如此巧妙的隐藏方法能更好地迷惑猎物，对鳐鱼而言还是非常实用的捕猎方法。

鳐鱼细长的尾巴极具特色，一些鳐鱼的尾巴甚至还有毒。此外，我们最好远离电鳐，因为一旦碰到它们，就会遭到电击。

鳐鱼的胸鳍看上去就像宽阔的翅膀一样，借助它鳐鱼就可以优雅地在水中穿梭，而且速度很快，就像是在飞一样。

会飞的鱼

小朋友们有没有想过一些鱼是可以在水面上飞行的呢？这些会飞的鱼像箭一样从水中穿射而出，将它们像翅膀一样的胸鳍向两侧展开，然后在水面上平稳地滑翔。在有利的顺风状态下，它们一次可以滑行150到200米，飞行的高度甚至会超过4米。科学家们认为，这些鱼已经学会了飞翔，从而保证在遇到天敌时能够让自己脱离险境。尽管如此，空中同样存在着危险：对于劫掠成性的海鸟来说，这些鱼可是难得的美味，不需要把翅膀弄湿就可以轻易抓到它们。

绝不像其他鱼一样沉默——鲂鱼

鲂鱼是一种喜欢居住在海底至200米水深之间的鱼。鲂鱼的胸鳍上有一种"高跷"，通过它鲂鱼就可以在海底像踩高跷一样慢慢前行，当然它们也会游动。鲂鱼的头部长有骨板，可以起到保护作用。鲂鱼区别于其他鱼的特点是它们可以发出很大的呼噜声。为了发出这种声音，它们会用肌肉来压迫自己的鱼鳔。鱼鳔是许多硬骨鱼都具有的器官。这一器官可以帮助它们在水中向前飘移。至于鲂鱼为什么要发出这种奇特的

声音，人们至今还没有找到合理准确的解释。

群体生活——在一起我们就强大

鱼类在辽阔的海洋中迁徙时常常会遭遇各种各样的危险，所以鱼儿们就组成了鱼群。在游动时鱼儿们彼此紧紧挨在一起，就像一个统一又充满生气的群体。这让捕食者非常恼火，因为它们没有办法将注意力集中在某条鱼上。所以在这样的群体中，鱼儿们幸存的几率要大得多。像鲱鱼、鲭鱼、沙丁鱼等只有聚集在一起时才会远行。出于本能，每条鱼都会模仿其他鱼的动作，这样就会形成一种步调一致的前进方式。有些鱼群甚至是由数以百万计的鱼组成的。

鱼群之谜

小朋友们在下面的图中能看到多少条鱼呢？

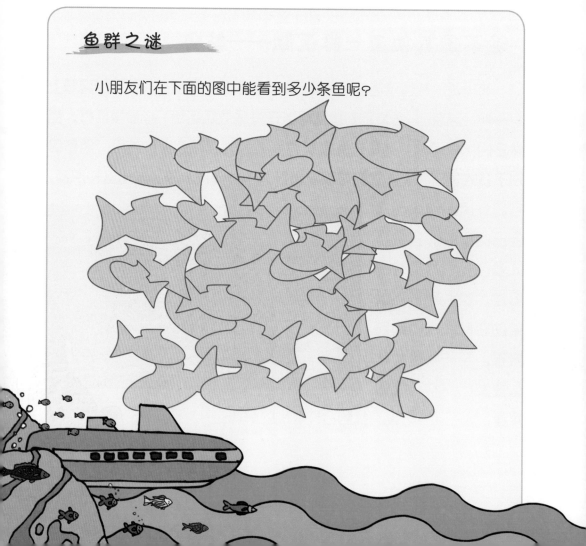

金枪鱼——严重濒危的物种

　　大多数人对金枪鱼的了解可能仅仅是来自瓶装罐头。但是你们知道金枪鱼是一种肉食鱼吗？它们几乎分布在我们地球上的所有海域中，并且多以群居的方式生活在一起。

　　金枪鱼喜欢的食物是乌贼、蟹、鲭鱼及沙丁鱼等群居鱼类。金枪鱼有不同的种类，但令人印象深刻的是生活在大西洋的红金枪鱼。这种鱼长度可达4米，重量超过700千克。它们会穿过直布罗陀海峡进入地中海产卵。对它们而言，游过5000千米的路程毫无问题。它们是优秀的疾速游泳运动员，每小时可以游70到80千米。

　　不过可惜的是金枪鱼如今已受到严重威胁，其中红金枪鱼甚至已濒临灭绝了。由于金枪鱼味道鲜美、极受欢迎，所以市场需求量非常大。新鲜的金枪鱼肉是寿司中不可缺少的美味。现代化的捕鱼船可以用超声波和雷达来确定金枪鱼群的方位，然后就会撒下数千米长的渔网来抓捕它们。这就导致了金枪鱼无法再回到产卵的地方，从而也就无法继续繁殖后代了。

鱼卵可以吃的鲟鱼

鲟鱼是一种远古时期就已存在的物种,这和鲨鱼有些类似。它们没有鳞片,而是有许多排骨架。鲟鱼生活在海里,不过产卵时,它们常常会游到淡水河中去。当母鲟鱼产下数量高达200万的鱼卵后,它们就会再次回到海中。鲟鱼的寿命可达100多岁,这也使它们在鱼类中显得颇为与众不同。

小朋友们也许对鱼子酱并不陌生,鱼子酱就是用鲟鱼卵制成的。鲟鱼卵一直被人们视为珍馐美味。由于这种黑色的鱼卵价格昂贵,所以又被人们称为黑金子。为了获取这一美味,人们不惜花费重金,正因如此,鲟鱼遭到了残酷的捕杀,现存的数量严重下滑。

神秘的 海洋世界

鱼线迷宫

今天奥斯卡在钓鱼时运气不佳，因为非但没有钓上鱼来，反而钓上了一只鞋子。请小朋友们看看是哪根鱼竿钓上了鞋子呢？

珊瑚礁——水下的彩色世界

如果对潜水员来说有天堂的话，那天堂就是珊瑚礁。它们是地球上最丰富多彩的生存空间。在一块珊瑚礁中就居住着超过2000种生物。这些生物都生活在无数隐蔽的角落和洞穴里，在这里它们可以很好地隐藏自己。

珊瑚礁是如何出现的？

珊瑚礁主要出现在温暖、水浅的热带海域。这里有适合珊瑚生长的良好环境。小朋友们见过珊瑚吗？许多珊瑚看上去就像奇特多彩的花儿和灌木。但这其实是一种假象：珊瑚是一种无脊椎的小动物，人们将它们称为珊瑚虫。它们固定在水底并构成巨大的群体。每一只珊瑚虫都生长在一种由石灰质构成的管腔中。到了晚上它们就会展开触须，抓捕水中的浮游生物。

最著名的珊瑚虫是石珊瑚。它们是珊瑚礁的建造者。珊瑚虫死后，身体上柔软的部分就会消失，石灰质的骨骼则会留存下来。然后，一只新的珊瑚虫就会在这上面继续建造自己的家，数千年以后就形成了由石灰质骨骼构成的完整的珊瑚丛。

眼力大考察

　　下面每个方框中都嵌入了6种不同字母，其中一种字母出现的频率要比其他字母高，请小朋友们找出这个与众不同的家伙。如果我们将找出来的7个字母按顺序排列，就能得到蛙人的英文单词了。小朋友们试一下吧！

1

F	B	D	F	W
B	W	X	D	L
L	D	F	X	B
X	L	W	B	F
W	F	X	L	D

2

T	I	E	I	R
L	R	L	E	T
L	E	T	I	J
R	J	R	L	J
I	T	E	J	R

3

N	W	D	F	K
K	O	W	N	F
D	W	K	D	O
N	F	O	W	N
O	D	K	F	O

4

B	C	V	H	G
C	B	C	G	D
D	H	G	H	B
H	G	C	D	V
V	D	V	B	G

5

N	O	M	E	K
H	K	O	N	M
O	E	N	K	H
M	H	E	O	E
H	N	M	K	M

6

Q	F	C	Q	A
A	B	J	C	Q
J	C	A	F	B
B	Q	F	C	A
F	A	J	B	J

7

K	L	B	F	N
K	E	L	B	N
B	N	L	K	E
N	F	K	N	F
E	L	F	B	E

珊瑚礁的种类

人们将珊瑚礁分为3种：

● 岸礁

岸礁的分布最为广泛。它们主要集中在海岸附近，并向大海中心延伸。

● 堡礁

堡礁与岸礁非常类似，但分布区离海岸更远一些，并且与海岸不相连。

● 环礁

环礁看上去就像是水中的大圆环。它们主要集中在火山岛的边缘地区。有时候这些岛屿会沉陷或完全消失，然后就留下了这种环状的珊瑚礁。

知识拓展

现在世界上最大的珊瑚礁是澳大利亚海岸附近的**大堡礁**。它的长度超过2000千米，甚至从太空都可以看到。由于具备丰富的物种，大堡礁已经被列入世界自然遗产名录，并受到保护。

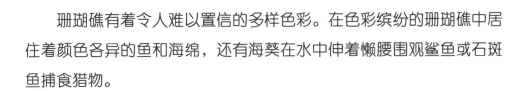

　　珊瑚礁有着令人难以置信的多样色彩。在色彩缤纷的珊瑚礁中居住着颜色各异的鱼和海绵，还有海葵在水中伸着懒腰围观鲨鱼或石斑鱼捕食猎物。

小丑鱼尼莫

　　自从动画电影《海底总动员》播出以后，几乎每个孩子都知道了小丑鱼。小丑鱼的家非常特别：它们居住在有毒的海葵中。这些海葵看上去像是植物，却属于动物。由于它们的外形看起来像花朵一样，所以人们也称它们为花朵动物。

你知道吗？

　　小丑鱼在出生时都是**雄性**的，一段时间之后才会有一些变成雌性。

　　小丑鱼通过一层专门的黏液层可以抵御海葵的毒性。在遇到危险时，它们也会藏身于海葵的触须当中保证自己的安全。

　　作为回报，小丑鱼会帮助海葵抵御敌人、净化触须，有时也会为它们提供食物。

身上带刺的医生鱼

医生鱼是一种非常漂亮的鱼。它们尾鳍的开端处有两道如刀般锋利的刺。如果我们不小心碰到这一部位，很有可能会被严重刺伤。幼小的医生鱼在色彩上与成年鱼明显不同，以至于以前人们都把它们当成不同品种的鱼。蓝色的医生鱼在幼年时是黄色的，成年之后才变成蓝色。

自备"睡袋"的鹦鹉鱼

鹦鹉鱼在嘴部长有喙，这使它们看起来就像是鹦鹉。它们最喜欢在珊瑚上来回不断地咬食可口的海藻。到了休息时间，一些鹦鹉鱼会吐出黏液，形成一个透明的黏液囊，然后钻进去，在这个特殊的"睡袋"里度过一整夜。据推测，黏液囊的作用是防止夜间捕食者嗅到它们的气味。

知识拓展

珊瑚鱼是彩色的，因此它们可以在色彩多样的环境中更好地隐藏自己。它们的生存规律就是，色彩越多样，它们就能伪装得越好。

大家来找茬

下面两幅图共有6处不同，小朋友们能找出来吗？

激动就会变身的河豚

小朋友们下次参观海洋水族馆时，无论如何都要去看一看河豚。它们的游泳技术堪称一绝。为了能够前行，它们会快速扭动胸鳍，此时的胸鳍看上去就像是螺旋桨一样。河豚极其敏捷，甚至会回游。当它们情绪激动时，比如受到威胁时，就会变成一个圆球。通过肌肉用力，它们可以迅速将水压入胃中，直到身体看上去几乎要爆裂为止。这种做法可以震慑住大多数捕猎者，从而吓跑它们。河豚有剧毒，毒素存在于皮肤和一些器官当中，但它们的肉却不含毒素。

在一些国家，河豚甚至是特产，但其烹制方法却不简单，只有经过专门培训的厨师才能将河豚肉处理得当，做到"既美味又无毒"。尽管如此，河豚中毒事件还是屡有发生。

鱼身之谜

如果你们能将下面鱼身上的英文字母正确组合的话，那么就能得到珊瑚的英文单词了。

夜间猎者——海鳗

　　当海鳗用不信任的目光从巢穴里向外窥视时，它们看上去不是那么友好。可是一旦发现了自己喜欢的猎物时，比如小鱼、蟹、章鱼等，它们就会像鱼雷一样从隐身之处飞射而出。它们有着一口锋利的尖牙，我们一旦不小心碰到它们，很可能就会被咬伤。此外，还有一些海鳗有毒。海鳗习惯在夜间捕猎，也从来不会远离自己的巢穴。海鳗又细又长，大型海鳗长度甚至可以超过3米。

此海绵非彼海绵

　　虽然难以置信，但海洋中确实存在着天然的活海绵。它们并不像动画片《海绵宝宝》的主人公那样多嘴多舌，因为它们是一种构造非常简单的海洋动物，没有头，也没有器官，但它们的颜色非常漂亮——当然包括我们熟悉的黄色。一些海绵可以长得非常大，看上去就像大花瓶一样。

知识拓展

　　早在古希腊时期，天然海绵就已经作为**洗浴用品**备受追捧了。

水下清洁工——有请下一位！

在海洋中生存的鱼儿常常会遭到寄生虫的侵袭。这些讨厌的家伙在鱼儿的皮肤上安家落户，并且毫无顾忌地享受着它们宿主的血液。但鱼儿们又没有长手，它们该如何除掉这些讨厌鬼呢？这一切都不是问题，因为在珊瑚礁中有专门的"清洁站"，就像我们经常见到的洗车房一样。

在这里有专门的鱼虾提供清洁服务。有时前来清洁的动物太多，它们会自动排起规则的长队，就像洗车房外的情景一样。甚至就连鲨鱼、蝠鲼和石斑鱼都会排成一排，耐心等待。由于这些清洁鱼可以通过清除坏死的皮肤来使伤者的伤口得以恢复，所以它们又有"珊瑚礁里的医生"的美称。当清洁鱼将皮肤清理完毕之后，就会通过特定的动作要求"顾客"张开嘴，然后钻进"顾客"口中，为它们清洁牙齿。这些"顾客"不会吃掉清洁鱼，而清洁鱼则获得了免费的食物。

如果"顾客"是脾气暴躁的肉食鱼，清洁鱼也同样有办法使它们恢复平静。清洁鱼会围绕着躁动的"顾客"来回浮动，并温柔地安抚它们，这样清洁工作就可以继续下去了。

海洋中的植物世界

海草

　　海底的水生植物为许多鱼种提供了保护性的生存空间。鲑鱼和鳕鱼在海草中长大，小海马来回穿梭于叶子当中，刀片鱼非常隐蔽地轻轻掠过海草丛。最大的海草寄居者是儒艮——一种几乎长达4米的海牛，俗称美人鱼。

英文充电站

　　好酷的潜水员呀！下面是和潜水相关的词，请小朋友们找出它们对应的英文单词。

潜水	compass
面镜	fins
呼吸管	diving
蛙鞋	mask
气瓶	snorkel
指南针	cylinder

水下的马——海马

　　海马是鱼类，尽管它们的外形似乎和鱼一点关系也没有。它们之所以叫海马，完全是因为头部形状特别像马头。不过海马游泳本事差了些，所以对它们来说有一点非常重要，那就是必须很好地隐藏自己。海马多生活在海岸附近、珊瑚礁以及浅水区域的海草丛中。它们在水中沿直线向前游动，尾鳍迅速摆动，看起来就像一个小小的螺旋桨。目前，世界上大约有30种海马，它们的长度在4到30厘米之间。

　　海马通过它们的尖嘴将食物——甲壳类动物、小虾、水蚤以及幼鱼吸入体内。多数时间它们都是在进食中度过的，每天能达到10个小时。当它们找到自己的伴侣后，通常一生都不会分离。

　　海马的哺育方式也非常特别：母海马会将卵产在公海马的肚袋中，然后数百个小海马就会被孵化出来。在进行孵化时，公海马会用尾巴将自己紧紧缠绕在海草的叶子或茎秆上。

知识拓展

　　一些海马可以迅速地**变换颜色**，让自己和海草融为一体。谁喜欢吃海草呢？这样海马就可以保护自己免受敌人的侵害了。

海底迷宫

在潜水时，尼克发现了两条章鱼。它们试图用长长的触须抓住他，哪条触须抓住他了呢？

刀片鱼

　　刀片鱼体长约为14厘米，看起来就像是细长的刀刃，通常是头部朝下垂直地穿过海草。要想在海草丛中找到细小的刀片鱼，可是要费一番大力气。遇到危险时，它们会横向游走或借助海胆的刺寻求保护。

水下的母牛——儒艮

　　在印度洋的鲨鱼湾有一片世界上最大的海草丛，濒临灭绝的儒艮（rú gèn）就居住在这里。儒艮属于海牛目，身长大约2到4米，重量在250到900千克之间。它们是食草动物，每天必须吃掉40千克左右的海草，目前大多居住在平

知识拓展

　　海牛和鲸鱼以及海豹一样，都是**海洋哺乳动物**。也就是说，它们直接生下成活的幼仔，而且它们没有腮，所以必须潜出水面换气。

坦的近海水域。

　　儒艮的近亲是生活在中美洲和西非近海水域的海牛。与儒艮不同的是它们也会游到河中去。

大家来找茬

下面两幅图共有6处不同，小朋友们能找出来吗？

红树林

　　红树林生长在热带海岸的海水中，这里天气酷热，并遭受周期性涨潮退潮的浸淹。通过主根，红树林中的树可以将自己牢牢固定在淤泥当中。它们不仅能够阻挡洪水，还能为数百种不同的动物提供生存空间。在树根处生活着虾蟹和贝类，蜗牛和海绵也在此安家，此外树下的水中还生活着枪虾和各种各样的鱼。

虾虎鱼和手枪虾——罕有的共生体

虾虎鱼是一种生活在海里的食肉类鱼，约有1200个种类。其中一类具有一个特殊的本领——看门。它们与枪虾生活在一起，构成一个非常特别的利益共同体。视力极差的枪虾是挖掘高手，可以为自己和虾虎鱼挖出舒适的住所，并保持住所的清洁。作为回报，虾虎鱼负责看守家门，一旦有敌人接近，它就会通过特殊的动作向枪虾发出警告。两个小家伙就会飞速地退回到洞里。枪虾会用自己长长的触须始终与虾虎鱼保持着接触。

除此之外，枪虾还有一样非常特别的武器——虾钳。它们将钳子合拢时会发出一声脆响，同时可以制造出一股射程约为两米的水流。这道水流的速度几乎可以达到每小时100千米，力道非常强大，甚至可以杀死小型鱼虾。在这一过程中，枪虾会发出非常响亮的"啪啪"声，在水中很远的地方都能听见。

巨大的海带草丛

在郁郁葱葱的海带草丛（又名大叶藻丛）中，聚居着多种生物，它们在这里嬉戏玩闹，繁衍生息。海带草的叶子长达60米，随水流移动时就像是浓密的帘子。

巨大的海带草需要稳定的土层来固定根基，所以我们只会在岩石较多的海岸发现它们。海带草的旗瓣上布满了充满气体的小泡，这些小泡可以使它们的叶子垂直地立在海中。

知识拓展

一些**海带草**每天可以生长50厘米。

火眼金星

收获颇丰呀！渔夫们骄傲地提起了鱼的尾巴，这些都是他们的战利品噢！但是，似乎有些不对，其中一条鱼有点问题。小朋友们能找出是哪条鱼吗？为什么呢？

用餐具进食——海獭

除了贝类、蟹和鱼之外，海獭也是海带草丛中最重要的寄居者之一。海獭几乎整天都在居住区里搜寻着食物。它们以海胆和鲍鱼为主要食物。海獭抓到猎物后，通常会抱着一块石头浮出水面，接下来就会把石头放在自己的肚子上当作砧板，并在上面将猎物砸开。

知识拓展

鲍鱼是一种**单壳海生贝类**，对于我们而言，它们也是珍贵的美餐。

当海獭感到疲惫时，它们会用海藻为自己造一个水垫。它们把黄褐色的海藻叶围着自己的肚子缠在一起，在睡觉的时候轻轻摇晃。这样就不会出现被波浪冲走的危险了。海獭几乎只生活在水中。它们有一层厚厚的皮毛可以抵御寒冷，阻挡湿气。就连海獭的幼仔也会由妈妈直接带入水中。但它们自己还不会游泳，于是海獭妈妈就将它们放到胸前，在海中仰泳。

水下的"铠甲武士"

对于某些海洋动物，大自然赐予了它们一套特别的"铠甲"——甲壳，可以保护它们不被敌人吃掉。在遇到危险时，这些动物就可以退缩到它们牢固的甲壳内。许多蜗牛、贝类以及蟹类都属于水下的"铠甲武士"。

蜕皮而变的螃蟹

就像某些昆虫和节肢动物一样，大多数螃蟹都有一层蟹壳来保护自己。但蟹壳是固定的，不能延展。随着蟹的成长，蟹壳就会越变越紧，所以蟹要时常从越来越紧的壳体中钻出来。这一过程人们称为蜕皮。旧的蟹壳裂开以后，蟹就会从壳中爬出。此时，它们的身体上已经长了一层更大的新蟹壳。新蟹壳一开始的时候可能还比较软，但是很快就会变硬。

口袋蟹是螃蟹的一种。它们身体较宽，蟹钳有力。蟹钳是它们捕食猎物的好工具。它们通过蟹钳夹紧食物，然后用脚将食物送入口中。一只成年口袋蟹重达几千克。因为它们不会游泳，所以只能在海底横向移动。

大家来找茬

下面两幅图共有7处不同，小朋友们能找出来吗？

喜欢搬家的寄居蟹

寄居蟹常常利用被遗弃的螺壳作为自己遮风挡雨的住所。它们用后脚将自己牢牢地固定在螺壳中，并一直带着这套租来的"房子"四处溜达。当它们觉得"房子"太小时，就会离开，另觅佳宅。

火眼金星

下面哪个是龙虾的影子呢？

挥舞大螯的龙虾

龙虾是甲壳类中的庞然大物：长度可达半米，体重可达5千克。

龙虾身上特别引人注目的是它们的螯。如果我们仔细观察，就会发现螯的大小是不同的。大一些的螯可以用来夹裂和捣碎藏身在保护壳中的食物，比如贝类。此外，它们还是龙虾保护自己的武器。小一些的螯看上去更像是一把钳子，可以用来固定和分解食物。

雄性龙虾的螯要比雌性龙虾的大得多。螯在雄性龙虾寻找配偶时也发挥着非常重要的作用：它们就是用这些强有力的大钳子来给母虾留下深刻的印象。

知识拓展

龙虾是一道广受欢迎的美食，但其烹制方法却存在着很强烈的争议，因为它们是活着被扔进滚烫的水中。在这一过程中，龙虾会变成火红色。

夏天龙虾喜欢聚在布满岩石的浅海区域。白天它们躲在岩石缝隙和洞穴里，夜间才出来活动。到了冬天，它们就会游回更深一些的海域，在沙土中为自己挖掘洞穴过冬。

龙虾以灰褐色为主，但也有少数例外。

长着触须的无螯龙虾

无螯龙虾和龙虾是近亲。它们的体长大约为45厘米，体重可达8千克。但它们没有螯，取而代之的是超长的触须。无螯龙虾的触须可以独立活动，是用来导航或防御的好工具。无螯龙虾非常害羞，所以它们只有在夜里才从洞穴里出来，常常会游出数百米寻找食物。总的来说，无螯龙虾喜欢四处漫游，但它们采取的是一种非常奇特的方式：数百只龙虾构成一条常常的链条，然后前后整齐地排列着

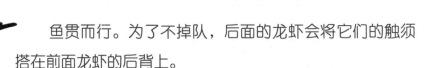

鱼贯而行。为了不掉队，后面的龙虾会将它们的触须搭在前面龙虾的后背上。

与龙虾一样，无螯龙虾也是来自海洋的美味珍馐。目前这种龙虾的存有量已经严重下降。母龙虾每两年才产一次卵，它们会把卵放在交叉的后腹上。

英文充电站

宝拉在海底潜水时发现了6样东西。小朋友们知道这6样东西所对应的英文单词吗？请将单词和对应的序号连接起来吧！

eel

fishing net

jellyfish

seaweed

starfish

snail

贝壳关门——贝类生物

贝类生物也会将身体缩到保护性的甲壳中。与螺和乌贼一样，它们也属于软体动物。也就是说，它们的身体是软的。贝类生物的典型之处是拥有两扇贝壳，在遇到危险时，贝壳就会合拢。

我会游泳——扇贝

扇贝又被称为雅各布扇贝或朝圣扇贝，因为它们在中世纪时已经成为圣雅各布的象征了。扇贝长度大约为15厘米。它们通常生活在海底，并且通过过滤海水来寻找食物。在它们外套膜的边缘，有非常精细的触须以及大量敏锐的眼睛。通过触须和眼睛，扇贝可以及时地发现敌人。

在遇到危险时，扇贝会快速地张合外壳。这一过程中，它们会将海水挤压出壳体，这样就形成反推力，然后它们就可以沿着锯齿形路线逃生了。

鸟蛤和贻贝

人们常常会在海滩上发现空贝壳。其中特别漂亮的是带有深纹的鸟蛤贝壳。鸟蛤可以非常好地隐藏在沙子里，并像扇贝一样从咸水中过滤出浮游生物。一只中等大小的鸟蛤在一小时之内可以过滤两升水。借助脚，它们可以很快地在地上挖洞，并将自己藏入洞中。然后它们会借助一根吸管呼吸和观察外面的情况。四周的一切都在它们的视野之内了。

贻贝，俗称海虹，呈三角形，表面有一层黑漆色发亮的外皮。它们靠由足部分泌出的足丝将自己固着在岩石或其他物体上生活的。足丝坚固而且富有韧性，贻贝不仅通过它们固着自己，也靠它们往前移动。

贻贝对周围的环境适应性很强。在涨潮时，它们会把自己完全封闭起来，并通过保留在壳体内的水进行呼吸。

知识拓展

贻贝也是一种深受大家喜爱的海产品。现在人们多在贝类养殖场对贻贝进行**人工养殖**。贻贝的饲养周期为一至两年，之后就可以运到海鲜市场上销售了。

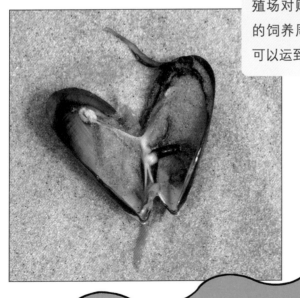

珍珠是怎样进入贝壳内的？

和牡蛎一样，贝类是欧洲人（特别是法国人）的桌上美食。厨师将鲜活的贝处理干净，配上柠檬，然后端到餐桌上供客人享用。但它们深受欢迎并非只是因为好吃，还因为它们体内的珍珠价格不菲。

至于珍珠是怎样出现的，我们很难确定。人们推测，可能是沙粒掉入贝壳内，然后被多层珍珠质包围住，最终慢慢形成珍珠。

有"房产"的螺

海中生活着数量惊人的螺。它们背上的螺壳就是它们的房子，有的呈螺旋状，有的呈茅屋状，有的低矮平坦，有的则像小塔楼一样，但不管外形如何，都非常实用。

致命的锥形螺

锥形螺的外壳异常漂亮，但里面的肉体却含有剧毒。它们的捕猎技术非常特别，它们会将一颗锋利的牙齿射向猎物，这样一来，毒素就进入猎物体中，猎物就会死亡。对人类而言，被它们咬中也同样可能致命。锥形螺喜欢的食物主要是蟹类生物，但它们也不拒绝螺以及贝类。

紫螺

人们曾经从紫螺身上提取过颜料。最初发现和利用紫螺颜料的是腓尼基人。他们发现，在阳光的作用下，紫螺黏液的颜色首先会变绿，继而变蓝，最后变成紫红色。古罗马人将紫色视为权力的象征：只有元老院议员和国王才可以使用这种颜色。要想从紫螺中提取紫色颜料，成本很高，而且费时费力：1克纯紫色颜料需要8000只紫螺的腺。如今，人们几乎不再使用这种提取方法了，但紫螺颜料依然是世界上最贵的颜料之一。

身背浮囊的紫色海蜗牛

为了能够在广阔的海洋中前行，紫色海蜗牛为自己打造了一辆"气囊车"。为此它们会分泌出一层黏液，然后将黏液涂抹在气囊上面。等到黏液凝固以后，浮囊就可以起航了。借助它，紫色海蜗牛可以在海面上惬意地随波前行。

知识拓展

在海中还生活着大量的鼻涕虫。和我们在户外见到的鼻涕虫不太一样，它们可以呈现出极其美丽的色彩。因为没有起保护作用的外壳，所以它们中很多就通过分泌毒素来保护自己。

数字九宫格

　　请小朋友们帮助下面的这些动物搞定难缠的数字九宫格吧！小提示：大九宫格的每一行、每一列以及小九宫格中数字1到9都不能重复出现。

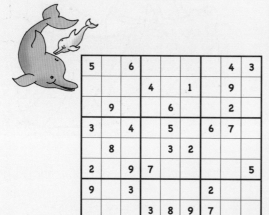

上左九宫格：

5		6					4	3
		4		1			9	
	9			6			2	
3		4		5		6	7	
	8			3	2			
2		9	7					5
9		3				2		
			3	8	9	7		
1						9	3	4

上右九宫格：

5		1		8		3		
9	6			4				
		7				2	5	
5		9		2	3			8
6						3	9	2
	7		9	8	4			
	6			7				9
9	4		5		2			
				2	8	7		

下左九宫格：

			7	1	9			
8			4			3	6	9
			8				1	7
	6	1				9		
			6	8	5	4		
5			3			1		6
			8		4			5
2		5		3			8	
	8	4				3		

下右九宫格：

	8	2	1		9			
5	6				7	9		3
			4	3		2		
				9			3	
	7	8		1	4	5		2
2				7			4	
		3	7			4		
4	2			8				
				4	2		6	9

海中的荨麻——水母

哎呀——真疼！也许你在海中游泳时曾遇到过水母这一不速之客。人们一旦触碰到水母，通常就会出现灼烧一般的疼痛，所以许多人都不喜欢这种动物。但当它们在水中游动时，确实是一道不可错过的美丽风景：轻柔飘逸，优美之极，就

像某种来自陌生世界的生物推着它们前行一样。许多水母看上去相当柔嫩脆弱，就好像随时都可能消散一样。某些水母甚至可以通过特定的技术让自己发光。

世界上毒性最大的水母是海黄蜂。这种箱体水母闪烁着淡青色的光芒。它们的帽盖不是圆的，而是角状的。海黄蜂直径可达30厘米，触须有3米长，并且上面布满了刺丝囊。当它们触碰其他生物时，在0.005秒内就会从这些囊中伸出一些刺丝，刺进生物的皮肤，然后将毒素释放出去。毒素会很快扩散，猎物就会全身麻痹，游不动了。

人类虽然不是海黄蜂的捕食对象，但海黄蜂致人死亡的事件也屡有发生：单是一只海黄蜂的毒素就可以使60个人丧生。

知识拓展

水母属于**腔肠动物**，与珊瑚虫是近亲。5亿多年来，它们一直生活在海洋中，算得上是海洋里高等生物的祖先。

海中的星星——海星

海星生活在大海中。它们的家族非常庞大，有超过1600多个品种。有些海星只有几厘米长，还有些海星直径则可达一米。海星颜色各异：红色、黄色、棕色，甚至是蓝色。它们以螺、寄居蟹、海绵以及螃蟹等为食，尤其喜欢贝类生物。为了能够吃到贝类可口的肉，海星会使用它们的腕。大多数海星都有5只腕。在这些腕上分布着许多具有吸盘的管足。海星就是用它们来固定住贝类生物的两片贝壳，然后将贝壳往两边拉。慢慢地，贝类就没有力气再合拢贝壳了。一旦贝壳出现一丁点儿缝隙，海星就会将胃翻出来，伸到贝类的体内，然后消化过程就开始了，到最后就只剩下空空的贝壳。海星每天吃掉的东西相当于自身体重的3倍。

知识拓展

与海胆、海参一样，海星也属于棘皮动物。棘皮动物没有易于辨认的头部，所以我们很难说它们哪头是前，哪头是后。

火眼金星

下面的图中有两只海星是完全一样的，小朋友们能找出来吗？

1

2

海中的刺猬——海胆

　　曾经领教过海胆刺的人一定不会忘记被海胆扎伤的疼痛感。海胆几乎通体长满棘刺，棘刺又可以分为较长的外层棘刺和较短的内层棘刺。还有一点非常令人惊奇，那就是海胆身上各种各样的棘钳都具有不同的作用。具有擦拭作用的棘钳可以用来清除身上的污泥，能够翻转的棘钳方便挖掘东西，带毒的棘钳可以用来招住进攻者，然后将它们赶跑，还有一种像锉刀一样的棘钳，可以像割草机一样切割海草。有时，我们可以在海滩上看到海胆圆圆的骨架。

3

4

海底大搜寻

　　潜水员凯伊在海底遇到了一些奇特的东西，你也看到它们了吗？另外，你能帮助海底的海蜗牛穿过纷乱不堪的海胆丛到达三明治那里吗？

蠵龟

蠵（xī）龟，是海龟科的一种，出生在陆地上，又名红海龟、赤海龟。出生后，它们会在水中度过几乎一生的时间。这可是一段很长的时间，因为海龟的寿命可以超过80年。它们主要生活在地中海，在热带及亚热带海域也有分布。母蠵龟只有在产卵时才会离开大海。它们会在沙滩上挖出一个洞，然后将乒乓球大小的卵放入洞中，卵的数量可多达100只。等卵放好以后，母蠵龟会用沙子将洞口封住，然后再慢慢爬回水中去。接下来，孵卵的任务就交给太阳公公了。大约60天以后，小蠵龟就破壳而出了，它们会立刻返回海中。成年蠵龟体长可达半米。它们的食物主要是海胆、蟹类以及海蜇。

知识拓展

海龟是爬行动物。据推测，它们是在2亿多年前由陆地龟发展演变而来的。

海龟之谜

在下面这幅图中，你可以看到多少只海龟呢？

神秘的 海洋世界

海底世界

下面图片中分布的字母组合起来就是图中一种动物的英文名称，字母的顺序千万不要错了哦，否则就得不到正确答案啦！

喷墨类头足纲动物

　　喷墨类动物属于头足纲动物家族。从这个名字我们就能知道这类动物的脚是长在头上的，它们包括章鱼、乌贼和枪乌贼。

　　章鱼有8只触腕，触腕的底面布满了吸盘，所以它们又被称为八爪鱼、八带鱼。章鱼的整个身体看起来就像是镶了两只大眼睛的皮袋。它们没有骨头，身体非常柔软，柔韧性强，因此可以穿过非常狭窄的缝隙。它们最喜欢待在岩石的缝隙中，用触腕来捕捉食物。如果附近没有天然的岩石，它们就会自己搬运石子，建造一面石子防护墙。章鱼主要生活在地中海、大西洋以及北海区域。

　　章鱼的学习能力很强，而且相当狡猾。它们可以拧开玻璃杯盖，拔掉瓶塞。在地中海地区，人们曾发现章鱼从渔网中偷取食物。它们灵活的身体可以穿进渔网的网眼。为了保证自己能够顺利地吃完美味，它们会在头上方放置废弃的塑料垃圾，而自己则躲在下面津津有味地享受美食。它们的嘴像鹦鹉的嘴一样坚硬，甚至可以敲碎蟹类的甲壳。

　　章鱼的主要敌人是鲨鱼、海鳝和海豚。与所有喷墨类鱼种一样，章鱼在遇到危险时也会使用计谋：它们会喷射出墨色的液体，用以迷惑敌人，让敌人在一定时间内搞不清东南西北，因为此时敌人的眼前早已经是漆黑一片了。与此同时，章鱼会赶紧改变颜色，然后逃之夭夭。

巨型海怪——大王乌贼

　　小朋友们可能听过长有腕足的巨大海怪的故事。故事中的海怪可以将整个船扯向海水深处。很长时间以来，这样的故事一直被认为是杜撰出来的惊险故事。但最近人们却总是发现大型枪乌贼，它们虽然不至于把船弄沉，却也体型巨大，实力不容小觑，跟故事中的海怪有一拼。人们对它们的了解并不多，因为迄今为止人们很少能见到活着的大王乌贼。曾经有几具重达300千克、腕足长达10米的大王乌贼尸体漂到岸边。可以确定的是，这些大王乌贼曾在深海中捕猎，并和抹香鲸进行过殊死搏斗，因为人们从抹香鲸的皮肤上发现过巨大的吸盘。在一些海洋馆里你们也许可以看到大王乌贼，比如位于德国施特拉尔松的海洋馆。

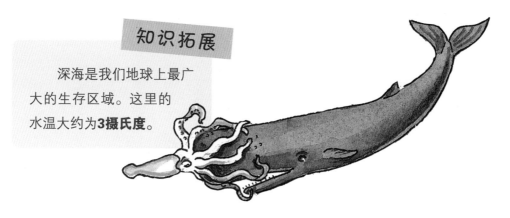

知识拓展

　　深海是我们地球上最广大的生存区域。这里的水温大约为**3摄氏度**。

　　大王乌贼像所有的枪乌贼一样有10只触腕，其中两只构成触须。论起眼睛的大小，它们在动物界中无人能及，因此即使在又大又暗的深海中它们依然能清楚地看见东西。抹香鲸是它们唯一的敌人。

黑暗的生存区域——深海区

海平面以下的深海世界昏暗而又神秘。但更令人感到惊奇的是，在这种寒冷而又食物短缺的环境中依然存在着许多生物。其中一些看上去实在恐怖，若是拍恐怖电影的话，它们是当之无愧的主角。

深海中的鱼类都不挑剔，因为这里食物稀少，可选择的余地很小。所以一些深海鱼会将嘴张得特别大，并且它们的胃还可以伸展，保证它们能够将猎物吞掉，即使猎物远远大于它们自身。

深海鮟鱇——会发光的猎手

深海鮟鱇（ān kāng），又名灯笼鱼，是一种非常狡猾的鱼。它们用一根顶端可以发光的"钓竿"来引诱猎物，而这个"钓竿"就长在它们的脑袋上！至于灯光，则是它们借助发光菌发出的。当小鱼在光的吸引下靠得足够近时，它们就会从黑暗中猛地窜出，将小鱼吃掉。当它们不再想发光时，也会把"灯"关掉，然后收起来。

知识拓展

人们将鮟鱇等可以自己发光的生物称为**生物发光体**。

火眼金星

　　下面的6幅图中有两只深海鮟鱇鱼是完全相同的，小朋友们能找出来吗？

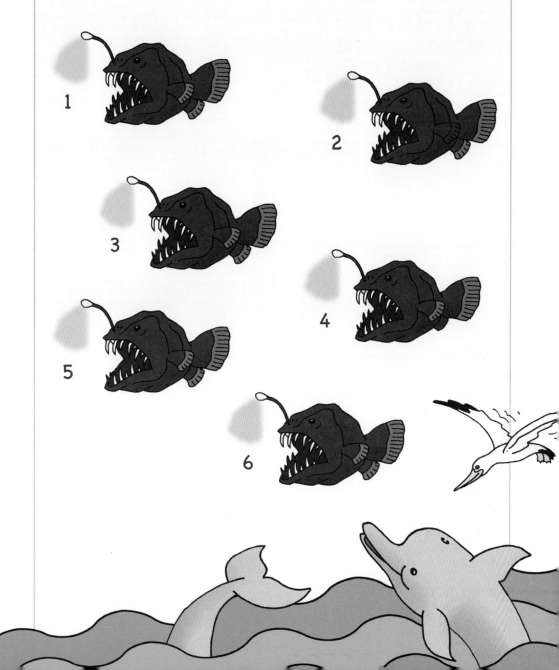

深海中的爬行动物

海蜘蛛是深海中的一种爬行动物，直径可达50厘米，看上去有点像我们在陆地上所能见到的盲蛛。它们生活在海平面4000米以下的海域中。这里是它们的天堂，它们在海底悠闲地爬来爬去。

海参在海里都做些什么？

海参，又名海鼠、海黄瓜，外形像蚕，身上凸凹不平，是海洋中的珍品。它们生活在6000米深的海域，颜色各异，从单调的灰色到缤纷的彩色，样样俱全。海参的口在前端，这里布满了触手。

虽然海参有数百只小脚，但它们行动非常缓慢。当受到攻击时，它们会毫不犹豫地将自己的内脏抛向敌人。这一招往往会迷惑住大多数敌人，从而为自己争取逃跑的时间。不过不用担心，一段时间以后海参的内脏还会再长出来。

知识拓展

海参属于**棘皮动物门**，与海星和海胆是近亲。

我是算术王

宝拉和潜水艇一起来到深海中。如果你能将所有隐藏的数字加起来，那你就能知道它们下潜的深度了。

冰火两重天——喷黑烟的 "烟囱"

1977年，研究者发现，海面下2500米深处的火山口持续不断地往外排着黑烟。冰冷的海水渗入地壳并与炽热的岩浆相遇，海水由于急剧受热，像喷泉一样从海底激射而出。在这一过程中，随之喷出的还有金属以及其他化学物质。一些火山口仅仅一秒钟之内就能喷出十多千克的矿物质。它们在冰冷的海水中变成了灰云，灰云中的灰烬后来沉到了海底，堆积成了高高的火山筒。而这些火山筒是迄今为止人们发现的最高的 "烟囱"，超过了40米，相当于14层楼那么高。

火山筒的四周充满了有毒气体，它们与内部的水流一同上升。但更令人惊奇的是，在这样不良的环境中竟然还有生物存在。

在这些 "黑烟囱" 的底部，成片的管状蠕虫随着水流摆动，它们白色的管体紧紧地固定在泥土中；再往上就是长着红色触须的蠕虫；在 "烟囱" 之间还穿梭着如同鬼魅一样密集的透明小虾群；整个岩脉上遍布着大个的贝类生物；

还有视力很差的白色螃蟹为了寻找浮游生物和小虾等食物四处游荡。

前暖后热的庞贝蠕虫

庞贝蠕虫是一种体长为10至15厘米的毛足纲动物。在承受高温方面，它们是动物界中的佼佼者：它们可以直接附着在炙热的火山筒外壁上生活；它们的头部位于20摄氏度的温水中，而尾部则可以承受80摄氏度的水温。它们还可以通过特殊的技能来冷却周围的环境，因而在火山筒旁边也有菌类存在。

你知道吗？

火山筒附近的水由于受热会出现沸腾，形成海底热泉，温度可以超过360摄氏度。

蠕虫之谜

在下面的图中，你可以看到多少只蠕虫呢？

食物链

　　吃与被吃——海洋中的整个生命体系都遵循这一规律。这里有一点很清楚：通常情况下都是大生物吃小生物。

　　食物链是从最小的浮游生物开始的。浮游生物一词源于希腊语，意为"漂流、漂泊"。人们将浮游生物分为动物学上的浮游生物和植物学上的浮游生物，后者被称为浮游植物。浮游植物的出现起因于海底的养分随着水流上升。一旦这些养分吸收了光线，它们就会变成浮游植物，也就是微型的植物生命体。浮游动物则是由贝类、鱼类、海蜇、蟹类等生物的幼虫或卵组成的。此外还包括微小的桡足类动物：在地球上，这类生物数量大得惊人。它们最大的竞争对手可能是磷虾。磷虾也属于浮游动物，它们是须鲸最喜欢的食物。磷虾只在两极海域才有分布。

浮游植物是食物链的开始，并且构成了所有海洋生物生存的基础。

- 浮游植物被浮游动物吃掉。

- 浮游动物被小鱼吃掉。

- 小鱼被大鱼吃掉。

- 大鱼被海豹吃掉。

- 海豹又被在海洋动物中处于海洋食物链末端的虎鲸吃掉。

浮游植物的主要成分是单细胞的硅藻。根据最新研究，碳元素储量最大的地方不在热带森林里，而在海洋中的浮游植物身上。

鱼类——来自大海的食物

大海中有丰富的食物，对我们人类来说也是如此。每年人们都要从海洋中捕捞7000万至8000万吨鱼。这其中特别受人们欢迎的鱼包括鲱鱼、鳕鱼、鲭鱼、金枪鱼、鲽鱼以及沙丁鱼。当然，乌贼、蟹类以及贝类也经常出现在我们的菜单上。

知识拓展

以前人们油煎鱼块时都会选用鳕鱼。这是一种今天几乎被捕杀殆尽的鱼，已经被列在了濒临灭绝动物的名单上。这张名单上所列的都是濒危动物。或许阿拉斯加黑鳕也面临着同样的命运，因为现在越来越多的人用它们代替鳕鱼制作煎鱼。在欧洲，一些鱼产品的包装上都印有海产品管理委员会的环保图章。这一图章只颁发给合理捕鱼的企业。

我是厨房小明星

米兰鱼片

（4人份）

需要的食材：

4片鱼片（约200克，可选用鲽鱼或海鲈）

盐、胡椒适量

4勺面粉

2个鸡蛋

100克面包屑

4勺奶酪丝

捣碎的鲜柠檬皮

4勺橄榄油

3小块黄油

150毫升蔬菜汁（将蔬菜加水用料理机打制即可）

比萨草适量

3勺酸白花菜芽（可用酸黄瓜代替）

首先将鱼片洗净并晾干，撒上适量的盐和胡椒。将面粉倒入盘子中，然后将鱼片放入面粉中翻几次。接下来在大碗中将鸡蛋打碎，然后再取一个大碗，将面包屑、奶酪丝与柠檬皮放入碗中混合均匀。之后将鱼片放入鸡蛋液中翻动，然后再将鱼片放入面包屑的混合物中翻动几次。

在平底锅中放入橄榄油和两小块黄油并加热，将鱼片放入锅中煎5至8分钟，直到鱼片两面均变成金黄色为止，然后就可以将鱼片取出备用了。

接下来我们就要准备调味汁了。首先将平底锅中煎鱼剩下的油倒出来，然后将菜汁倒入锅中，大火煮开。接下来将白花菜芽和比萨草放入菜汁中，再放入一块黄油，盖上锅盖小火焖3分钟，然后就可以关火了。出锅前不要忘记用盐和胡椒调味，最后将调味汁浇到煎好的鱼片上就大功告成了。

如果用这道菜搭配意大利面，效果会更好。

不知疲倦的海洋

看海时，我们会发现，大海从不会完全静止。有节奏的海浪从不停歇地破坏着水面的平静，看上去就感觉水在不停地朝岸边涌动。但事实真的是这样吗？如果我们仔细观察水面上的海鸥，就会发现，虽然它们一直随着波浪的运动上下颠簸，却并没有向前移动，而是保持在原来的位置上。海水其实也是一样的道理，只是看上去在移动罢了。

海浪是由风造成的。海浪和风之间存在着这样一条规律：风越强，波浪就越大。此外，水面越宽广，波浪也会变得越大。

知识拓展

在欧洲，水手们习惯把带有白色泡沫的小波浪戏称为"猫爪"，把大波浪则称为"胖修道士"。

小实验

取一碗水，然后从碗边朝水面用力地吹气，这时就会有水波荡漾。在这一过程中，风的能量传递到了水中，从而导致了水上下晃动。同理，海上的海风也可以使数千千米的海浪发生运动。等到波浪滚入较为平坦的水域时，它们的底侧会接触到海底，海底会吸收波浪产生的动能，波浪就慢慢消散了。

可怕的海啸

知识拓展

人类有史以来所经历的最严重的海啸发生在2004年12月26日的印度洋上，27.5万多人在此次灾难中丧生。

你往水中扔过石头吗？如果扔过，那你肯定注意到，在石头落水的地方出现了波浪，而且波浪的圆圈随着扩散越来越大，这是能量转化成为运动的结果。当海底的岩石突然断裂时，就会引发海底地震，此时岩石断裂产生的能量也会转化为运动，推动海浪以每小时800千米的速度前行。在水较深的海域，人们几乎看不到这些波浪。只有在波浪触碰到海岸时，破坏性的力量才会显现出来，也就是我们平时所说的海啸了。

潮汐——退潮与涨潮

如果曾经在海边度假，你也许会注意到，有时海滩只剩下狭长的一条，海水距离你非常近，但几小时以后海水就会退下，海滩变宽了，海水距离你也就非常远了。人们将这种海水水位的变换称为潮汐。当海水退去，就是退潮；当海水再次涌上海滩，就是涨潮。

退潮与涨潮现象是由月亮引起的。月亮具有很强的吸引力，朝向它一面的海水会升高，成为潮峰。这时大海中海水升降落差可达18米。这一现象每天会发生两次，周期为12小时25分钟。

浅滩里的生命

退潮时露出的海滩被人们称为浅滩。浅滩又可以分为沙滩和淤泥滩两种。淤泥滩大多被黑色的淤泥所覆盖。淤泥中满是养料，并含有大量硅藻，而硅藻则是蠕虫、海螺、贝类、蟹类以及鱼类的可口食物。

由于潮汐的作用，浅滩一会儿位于水下，一会儿又露出水面。这种环境并不适合生存。尽管如此还是有很多有趣的物种选择在这里

安家，比如各种各样的螺类、贝类、蠕虫、蟹类等，而它们又是海鸥、蛎鹬（yù）和滨鹬等众多海鸟的主要食物来源。

海蚯蚓

当我们在浅滩上漫步时，一些盘卷状的小沙堆会格外引人注目，它们是海蚯蚓的杰作。海蚯蚓以沙子为食，它们会消化掉沙子中所有的可食物质，然后把余下的沙子以小沙堆的形状排出体外。它们居住的洞穴深可达30厘米，形状像英文字母"U"。

当你在浅滩玩耍时，不妨竖起耳朵仔细聆听，你会发现，浅滩偶尔会沙沙作响，这种声音非常清晰。发出这种声音的其实是泥蟹。它们的触须之间有一层水性的薄皮。当它们展开触须时，薄皮就会发生爆裂，从而发出响声。

洋流

　　不只是波浪可以使大海运动，强大的洋流也可以穿越各个大洋。人们将洋流分为表层洋流和深层洋流，或者分为寒流和暖流。

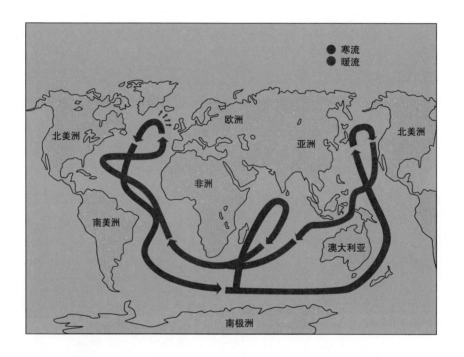

　　洋流又被称为环球传送带，因为它们可以沿着整个地球传送热量。所以它们对我们的气候非常重要。洋流的速度在每小时20到60千米之间。

　　表层洋流是由强风引起的。当风在海洋表面刮过时，会拉动海水一起运动。最著名的表层洋流之一是海湾洋流。它将来自墨西哥湾的温水推送到北欧，这就影响了苏格兰西海岸棕榈树的生长。等到达北方以后，洋流会下沉，然后在海底又作为深层洋流流回南方。到了南方以后，它又会再次上升，如此循环，周而复始。

请上车！

许多海洋动物，比如海龟，会把洋流作为移动的工具。就像搭载快速列车一样，它们不费吹灰之力就可以日行千里。

1992年，约3万只塑料制成的玩具鸭开始了穿越大洋的神奇旅程。最初它们是被封在一艘轮船的集装箱里，但轮船在途中遇上了可怕的风暴，于是玩具鸭便散落在大海中，利用这次机会开始了奔向自由的旅程。从那以后，它们就随着洋流漂到各个大洋。海洋研究者也开始对这些玩具鸭的旅程进行观察和分析，以获得对洋流更多的了解。

火眼金星

每只小黄鸭都有一个对应的英文名字，其中5个名字有共同点，而有一个则显得有些与众不同，小朋友们能把它找出来吗？

Hanno

Johannes

Anna

Mannu

Hennes

Hanni

神秘的 海洋世界

大家来找茬

下面两幅图共有6处不同，小朋友们能找出来吗?

海洋的历史

水的产生

今天，水对我们而言再常见不过。它就是很简单地存在在我们身边：以液态形式分布在大海和河流中，以气态形式分布在云层中，以固态形式分布在高山冰川以及南北两极的冰山上。但地球上并不是从一开始就有水存在的。

地球在46亿年前诞生时，无比灼热，以至于所有的岩脉都是液态的。当时地球上分布着许多火山，它们往外喷吐着大量的气体、熔岩以及水蒸气。等到地球慢慢冷却以后，水蒸气就凝结成水，经年累月地降到地表上。然后水就开始在地表的凹地和盆地中汇聚，经过几百万年的时间形成了巨大的原始海洋。

大陆漂移

　　地球上的大陆板块并不是固定在一个特定的位置上，而是一直处于运动中。但这种运动非常缓慢，以致我们无法察觉。就像海上的巨型浮冰一样，大陆与海洋下方的板块也是漂浮在地幔液态的岩浆上。在数百万年的时间中，这些巨大的板块一再发生分离或碰撞。人们将这一过程称为大陆漂移。

　　由于大陆漂移的存在，大陆以及海洋的情况总是一再发生变化。在大约2.5亿年前，地球上只有一块超级大陆，叫做盘古大陆，它从赤道向南北两侧延伸。后来这一板块非常缓慢地移动并发生变化，直到最终变成今天的样子，而且如今依然在移动和变化中。

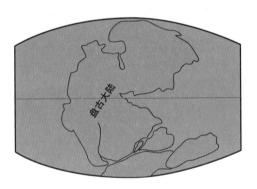

约2.5亿年前：
超级大陆——盘古大陆

今天的大陆

　　由此人们推测，大约2000万年以后，东非会与非洲的其他部分分裂开来。到时候将会有一个新的大洋诞生，而黑海则会完全被地中海截断。

生命的起源

小朋友们对细菌可能不会感到陌生。提到细菌，我们首先想到得可能是传染病。细菌非常微小，我们只有通过显微镜才能看到它们。但让我们大吃一惊的是，大约35亿年以前，生命就是开始于这些身处于"原生汤"中的细菌。在欧洲，人们喜欢用"原生汤"来比喻最初的原始海洋。原始海洋中的细菌就是我们地球上所有生命的起源。

但到海洋中和大陆上出现真正的动物，又过了大约30亿年。在这一过程中，细菌游荡于原始海洋之中，进化得非常缓慢。

在那个时候，海洋与空气中还没有氧气。直到一些细菌开始能够借助光能制造氧气，形势才发生了变化。渐渐地，空气和水中都有了足够的氧气，这就为其他生命形式的出现提供了基础。海绵和水母就属于继细菌之后海洋中最早出现的动物。右侧图片中的动物是一只盗首螈。数百万年前在淡水水域中就已经出现了这种动物，它们以鱼为主要食物。

原始的鱼类

我们这里所说的"原始的鱼类"事实上还不能算是真正的鱼，只是在形体上比较像鱼而已。因为它们既没有肢体，又没有颌骨，所以又被称为无颌骨的鱼。由于没有颌骨，嘴巴无法上下闭合，所以它们在游动时总是张着嘴。其中有些甚至连真正的嘴巴都没有，而只有一个圆形的孔洞。既然没有可以闭合的颌骨，原始的鱼类又怎么捕捉食物呢？其实非常简单，但同时也巧妙无比：它们会用嘴接触并紧紧地吸住食物，接下来用它们的小牙齿将食物划破，然后用它们的齿舌将需要的东西刮下来。

化石——海洋动物怎么跑到了山上？

虽然许多物种在很久以前就灭绝了，但我们还是能够知道它们曾经存在过，这是因为它们中有许多以化石的形式保留了下来。化石就是石化的骨头、牙齿或动物的其他部位。但人们是怎么发现海洋动物的化石的呢？在几百万年的时间里，地层一直处于运动状态，或者相互分离，或者相互碰撞。当两个大陆板块相互碰撞在一起时，位于海底的海洋动物化石就可能会随着岩脉一同被挤压上来。所以，人们今天会在阿尔卑斯山发现许多曾经生活在海洋中的动物的化石。

濒危的鱼类

现代先进的捕鱼技术、装有雷达定位系统的捕鱼船以及岸边各种各样的鱼类加工厂已经使鱼类面临着绝种的危险。由于过度捕捞，鱼类的存有量变得越来越少。

即使是鲨鱼也受到了严重的威胁。由于某些人极其热衷鲨鱼鳍为原料的鱼翅，所以鲨鱼也受到了无情的捕杀。在所谓的"捕鳍行动"中，鲨鱼身上只有鳍会被切掉留下，而鲨鱼则会被扔出船外，然后痛苦地沉到海底自生自灭。

此外，鲸鱼和海豚在捕鲨的过程中也常常会被祸及遭殃。它们被困在捕鲨船撒开的巨型渔网中，没有办法浮上水面换气，最后只能窒息而死。根据国际捕鲸委员会的统计，每年单单因为这一原因死亡的鲸鱼和海豚就有大约30万头。

为了保护海洋中的鱼类，许多国家的政府已经公布了捕鱼的限额，严格规定了每年允许的捕鱼量。可惜并不是所有人都遵从规定，而且灭绝性的捕杀行为也屡屡发生。

但我们必须明白一点：只有遵守限额规定，善待海洋以及其中的生物，才能使海洋生物休养生息，才能保证物种的延续性。

鱼钩迷宫

小黄狗奥斯卡和它的小伙伴瓦尔多都喜欢在冰面上钓鱼。但湖底可不一定都是鱼噢，也会有一些令它们感到惊奇的东西。小朋友们仔细观察一下，它们俩分别会从水里钓上什么来呢？

自测考场

　　小朋友们，我们的海洋之旅已经接近尾声了。你们掌握书中的知识了吗？不妨来自我检测一下吧！

1. 世界上有几大洋？
　　☐ 3个　☐ 4个　☐ 5个

2. 哪种动物是最大的海洋动物？
　　☐ 蓝鲸　☐ 鲸鲨　☐ 白鲨

3. 最小的鲨鱼叫什么？
　　☐ 迷你鲨
　　☐ 侏儒鲨
　　☐ 宝贝鲨

4. 世界上毒性最大的水母叫什么？
　　☐ 海蜜蜂
　　☐ 海熊蜂
　　☐ 海黄蜂

5. 哪种生物位于海洋食物链的开始？
　　☐ 小鱼　☐ 浮游生物　☐ 鱼饲料

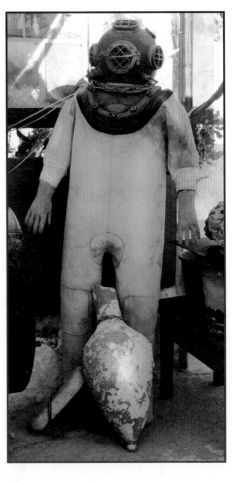

我问你答

1. 你认为海洋世界中什么最有吸引力呢？

   _____

   _____

   _____

2. 你最喜欢哪种海洋动物？为什么？

   _____

   _____

   _____

3. 你最希望遇到哪种海洋动物？

   _____

   _____

   _____

4. 你曾经进行过潜水吗？在哪里呢？

   _____

   _____

   _____

5. 你还希望更多地了解哪种海洋动物呢？

   _____

   _____

   _____

答案

第5页：

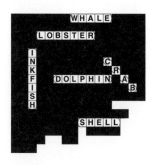

第11页： Atlantic（大西洋）

第15页： 1-海豚，2-海龟，3-独角鲸，4-白鲸，5-海象，6-蓝鲸，7-灰鲸，8-海牛，9-虎鲸，10-鲨鱼，11-鳐鱼，12-抹香鲸，13-大王乌贼，14-墨鱼，15-金枪鱼

第19页： 21

第20页：

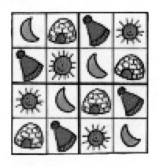

第22页： 3

第25页：

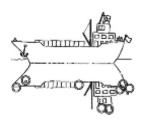

第28页：

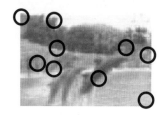

第34页： SEALION（海狮），STARFISH（海星），OCTOPUS（章鱼），SEAHORSE（海马）

第39页： 1-crab，2-cork，3-shell，4-wood，5-rope，6-sand castle

第42页： 30

第45页： 第4根

第47页： FROGMAN（1＝F，2＝R，3＝O，4＝G，5＝M，6＝A，7＝N）

第51页：

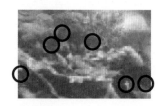

第52页： CORAL

第55页： 潜水- diving，面镜-mask，呼吸管-snorkel，蛙鞋-fins，气瓶-cylinder，指南针-compass

第57页： 触腕D

第59页：

第62页： 3号，因为鳞片的方向错了

第65页：

第66页： 5

第69页： 1-starfish，2-snail，3-fishing net，4-jellyfish，5-seaweed，6-eel

第74页：

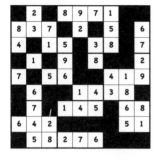

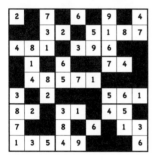

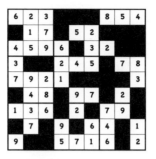

第76—77页： 1和3

第78页： 一只刺猬和一条戴着潜水镜的狗

第79页： 34

第80—81页： SHARK（鲨鱼）

第85页： 1和3

第87页： 1073米

第89页： 27

第99页： Hennes，因为其他名字中都含有"ann"

第100页：

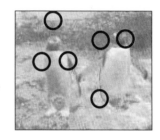

第107页： 奥斯卡钓到了鞋子，而瓦尔多钓到了罐头盒

第108页： 1-5个，2-蓝鲸，3-侏儒鲨，4-海黄蜂，5-浮游生物

图片来源

感谢Judith Brandt、Marcin Bruchnalski、Antina Deike-Muenstermann、Wolfgang Deike、DEIKE PRESS、Deike Gedenktage Archiv、Carla Felgentreff、Traian Gligor、Dieter Hermenau、Britta van Hoorn、Stefan Hollich、Elisabeth Kochenburger、Peter Menne、Josef Pchral、Dieter Stadler、Peter Strobel、Manfred Tophoven、Cleo Trenkle、Claudia Zimmer为本书提供图片。

感谢瑞士Aathal蜥蜴博物馆的友好支持。

北京市版权局著作合同登记　图字 01-2011-5047号

图书在版编目（CIP）数据

神秘的海洋世界 /（德）邵尔腾编著；
闫健译. —北京：中国铁道出版社，2013.12
（聪明孩子提前学）
ISBN 978-7-113-17581-8

Ⅰ.①神… Ⅱ.①邵… ②闫… Ⅲ.①海洋—少儿读物 Ⅳ.①P7-49

中国版本图书馆CIP数据核字（2013）第256694号

Published in its Original Edition with the title
Geheimnisvolle Meereswelt: Clevere Kids. Lernen und Wissen für Kinder
by Schwager und Steinlein Verlagsgesellschaft mbH
Copyright © Schwager und Steinlein Verlagsgesellschaft mbH
This edition arranged by Himmer Winco
© for the Chinese edition: China Railway Publishing House

书　　　名：聪明孩子提前学：神秘的海洋世界
作　　　者：［德］西格丽德·邵尔腾 编著
译　　　者：闫　健

策　　　划：孟　萧
责任编辑：尹　倩　　　编辑部电话：010-51873697
封面设计：蓝伽国际
责任印制：郭向伟

出版发行：中国铁道出版社（100054，北京市西城区右安门西街8号）
网　　址：http://www.tdpress.com
印　　刷：北京铭成印刷有限公司
版　　次：2013年12月第1版　　2013年12月第1次印刷
开　　本：700mm×1000mm　1/16　印张：7　字数：120千
书　　号：ISBN 978-7-113-17581-8
定　　价：78.00元（共4册）

聪明孩子提前学

动物世界的纪录

[德] 卡拉·费尔根特莱夫 编著

王尚方 译

无敌百科+知识拓展+趣味游戏

中国铁道出版社

CHINA RAILWAY PUBLISHING HOUSE

致小读者

　　小朋友，你是学校里跑得最快的吗？是全校学生里速算能力最强的吗？在动物世界里，一样存在着各种各样的"最"。许多动物都有着其他动物无可比拟、难以超越的特质。在本书中，我们将为大家细数动物世界的各项纪录：哪种动物最大？哪种动物最小？哪种动物跑得最快？哪种动物最聪明？……这些令人兴奋的动物世界纪录以及其他各种妙趣横生的信息，我们都将在本书中为大家一一呈现。祝小朋友们阅读愉快！

动 物 世 界 的 纪 录

大家来找茬

下面两幅图共有
8处不同，小朋友们
能找出来吗？

动物中的大块头

在动物世界里，有些动物远比人类要高，而有些动物又十分微小，我们用肉眼几乎无法捕捉。在接下来的几页中，我们将为大家展示动物世界的身高纪录。

陆生动物

长颈鹿的优雅美丽给很多人都留下了深刻的印象。雌性长颈鹿的身高高达4.5米，而雄性长颈鹿比雌性长颈鹿还要再高1米左右。凭借长长的脖子，长颈鹿可以啃食树冠上的叶子。长颈鹿的腿非常长，所以它们必须叉开腿才能喝到水。长颈鹿大多生活在非洲干燥的热带草原和森林之中。

大象的身高在4到5米之间，比长颈鹿略矮。但大象也是一项世界纪录的保持者：它们是自然界中最重的陆生哺乳动物。非洲象的体重最重能达到7000千克，亚洲象的体格稍小，体重约为5000千克。大象的厉害远不止如此：它们还是现今世界上唯一幸存的长鼻目动物。此外，非洲象还拥有世界上最大的耳朵：它们耳朵的大小相当于一张普通双人床。

海洋动物

在海面上，人们常常会看到突然喷出的巨型水柱，那是蓝鲸浮在海面上呼吸空气。每次呼出气体时，蓝鲸就会喷出长长的水柱。和普通鱼类不同，蓝鲸没有鳃，不能靠鳃呼吸，而是和人类一样用肺呼吸。所以虽然生活在水里，但蓝鲸并不是鱼类，而是一种哺乳动物，因此蓝鲸需要时不时浮到水面上来呼吸空气。蓝鲸是现今发现的地球上最大的动物，其长度能达到30米，重量160吨左右，相当于30头普通亚洲象重量的总和！

而在鱼类中，鲸鲨几乎包揽了所有与体型相关的纪录。曾有记录表明，鲸鲨的长度可达14米，重量可达12吨。人们目前为止所捕到的最大鲸鲨长度约为13米。与残忍的食肉鱼类大白鲨不同，鲸鲨以浮游生物和一些微小的水生生物为食，是个性情温柔的"大块头"。

贝壳与水母

在海边游玩时人们都喜欢拾贝，可是你们见到过直径约为1米的大贝壳吗？如果见过，那你们见到的一定是砗磲（chē qú）的一种——砗磲是世界上最大的贝壳类动物。

世界上最大的水母当属北极霞水母。北极霞水母的个头比砗磲更大。最大的北极霞水母的伞状体直径可达3.6米。此外，它们还有1200多个有毒的触手，伸展之后长达40米。

鳄鱼及其近亲

鳄鱼是世界上最大的爬行类动物，其中最大的鳄鱼体长可达4米。这种大型鳄鱼是恐龙现存唯一的后代。目前公认的鳄鱼品种共有21种。大部分鳄鱼都生活在淡水中，只有少数生活在海中，如世界上最大的鳄鱼——咸水鳄。咸水鳄主要分布在印度东部、亚州南部及澳洲北部。

在欧洲，鳄鱼只存在于动物园的温室中，因为欧洲的气候对于鳄鱼来说过于寒冷，不利于鳄鱼生存。但是欧洲也分布着鳄鱼的近亲——蝾螈（róng yuán）。南欧的火蝾螈体长最长可达35厘米，是欧洲最大的蝾螈品种。而世界上最大的蝾螈是分布于亚洲的巨型蝾螈，体长可达1.50米，体重可达20千克。

你知道吗？

地球上最大的食肉动物是位于北极的北极熊。当北极熊四腿站立时，肩高可达1.60米，相当于人的身高。而当它用两条腿直立时，其身高几乎是四腿站立时的两倍——3.40米。

细长条的蛇

小朋友们或许对世界上最大的蛇——蟒略知一二。蟒的体长最长可达8到9米，体重可达200千克。蟒主要生活在南美的热带雨林地区。此外，南亚和东南亚也分布着一些网纹蟒，体重约为100千克，相比南美的大蟒要轻得多。但网纹蟒的长度在蛇类世界里却是无与伦比的——平均为10米。人们曾捕到一条15米左右的网纹蟒，这毫无疑问是迄今为止世界上发现的最长的蛇了。

大蟒和网纹蟒都属于缠绕型巨蟒，它们会紧紧缠住猎物，待猎物窒息之后再将其吞掉。

你知道吗？

世界上最长的蠕虫——绳子蠕虫可长达30米。这种寄生在海洋、河流和湖泊中的家伙虽然只有5到10毫米宽，但体长甚至可以超过蓝鲸。

火眼金星

下图中哪条蛇咬的是自己的尾巴？

A

B

C

龟鳖类动物

棱皮龟是世界上现存最大的龟鳖类动物，体长超过两米。棱皮龟生活在海洋里，主要分布在热带和亚热带海洋中。棱皮龟的背甲的骨质壳由许多小骨板镶嵌而成，表面覆盖着一层革质皮肤，与龟鳖类动物常见的硬壳有所不同。除了体型巨大以外，棱皮龟还保持着一项世界纪录：它们是世界上游动速度最快的龟，速度可达每小时35千米。雌性棱皮龟在产卵时会从海洋中爬到海滩上，先挖坑，然后将卵产在沙坑里。

火眼金星

相信小朋友们一定认识下面图片中的动物。在这些动物中，有一种动物和其他动物不属于同一类。你们能找出是哪一种吗？请说出理由。

鸟

你们知道吗？地球上最大的鸟其实并不会飞：它们就是鸵鸟。鸵鸟高约3米，主要分布在非洲的热带稀树草原和沙漠中。鸵鸟蛋也是世界上最大的蛋，直径约为15厘米，重约2千克。除此之外，鸵鸟还保持着一项世界纪录：它们是世界上跑得最快的鸟，速度可达每小时70千米。也就是说，我们骑着自行车也追不上它们。

世界上能飞行的体重最大的鸟是同样生活在非洲的灰颈鹭鸨（lù bǎo）。灰颈鹭鸨高约1.5米，体重最重能达到19千克！

信天翁虽然不是最重的，但论起翅膀长度可难有对手。它们是目前世界上翅膀最大的鸟，翅膀展开时的长度超过3米！不过，鸵鸟和灰颈鹭鸨不用担心会在野外遇上信天翁，因为信天翁生活在南极附近冰冷的海岛上，离着鸵鸟它们可是"十万八千里"呢！

知识拓展

眼镜鹈鹕（tí hú）喜欢吃鱼和小型龟鳖，它们会用巨大的喙把猎物从水中叼出来然后吃掉。眼镜鹈鹕的喙最长可达50厘米，是世上最长的鸟喙。世界上最长尾羽的纪录保持者是日本的一种名为长尾鸡的家鸡，它们的尾羽长度可达到10.50米。

蜘蛛

捕鸟蛛是世界上最大的蜘蛛。最大的捕鸟蛛体长约为12厘米，四足向外展开时体宽可达28厘米。由于捕鸟蛛身形巨大，许多人都特别惧怕它们。但事实上，只有极少数几种捕鸟蛛会主动攻击人类。

大型昆虫

世界上最重的昆虫是生活在热带美洲的巨型犀金龟，重量可达100克，相当于一块巧克力的重量：这对一只昆虫来说实在是不可思议！昆虫中的翅膀之王是分布在中南美的大鸟翼蝶，它们翅膀展开的长度约为30厘米，相当于小朋友们在学校里所用的直尺的长度！

成群结队的蝗虫

小小个头的飞蝗是怎样创造世界纪录的呢？答案很简单：共同行动！成千上万只从农田上方结群飞过，如同一片黑压压的乌云，将农田上的粮食一扫而空。飞蝗能吃掉和它们体重相当的庄稼。小朋友们可以想象一下，成千上万的飞蝗飞过时将会有多少庄稼被吞噬。和飞蝗一样，沙漠蝗也喜欢"拉帮结伙"地行动。凭借着恐怖的吞噬能力，沙漠蝗成为了世界上公认的危害最大的昆虫。在《圣经》中，蝗虫成群出现便被描述成一种灾难。

动 物 世 界 的 纪 录

火眼金星

　　宝拉画了一些昆虫的轮廓，它们分别和下面4种昆虫中的哪一种相对应呢？需要提醒大家的是，有一个昆虫的轮廓是多出来的！

动物中的小矮子

世界上最小的哺乳动物是什么呢？答案是黄蜂蝙蝠[1]。我们从它们的名字中就能看出端倪了：它们的大小如同一只黄蜂，体长只有30毫米，是世界上最小的哺乳动物。除此之外，蝙蝠还保持着一些神奇的世界纪录：例如，蝙蝠是世界上唯一一种会飞的哺乳动物。此外，它们不是用眼睛来看路，而是用耳朵。在飞行过程中，它们会发出叫声，然后凭借回声来判断前方是否有障碍物或猎物。也就是说，蝙蝠是用耳朵来"看"的！或许你们会问："为什么我们从来没有听过蝙蝠的叫声呢？"这很正常，因为没有人听过蝙蝠的叫声。由于蝙蝠的叫声太高，超出了人类耳朵能接收的范围。人们将这种声音称为超声波。蝙蝠分布在世界各地——除了北极，或许因为它们无法适应北极寒冷的气候。顺便一提，世界上最小的食肉动物是鼬鼠（yòu shǔ），它们连尾巴在内的身体总长只有12到32厘米。鼬鼠主要分布于北欧和亚洲，以啮齿目动物和蛋类为食。

1　黄蜂蝙蝠还有一个名字叫猪鼻蝙蝠，因为它们的鼻子扁平而且向上拱起，有点像猪的鼻子，故而得名。

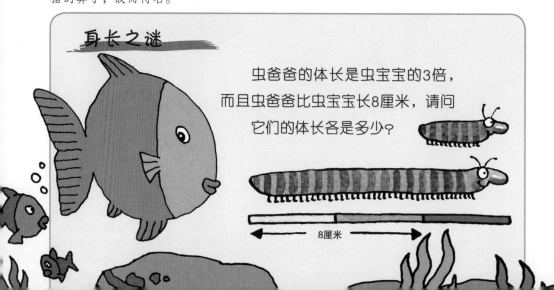

身长之谜

虫爸爸的体长是虫宝宝的3倍，而且虫爸爸比虫宝宝长8厘米，请问它们的体长各是多少？

8厘米

动物世界的纪录

飞鼠[2]其实不会飞!飞鼠没有翅膀,但前后肢之间有一层飞膜,也就是覆盖着软毛的皮褶。飞鼠爬到高处后,四肢展开,然后从树上跳下,在空中滑翔。在飞行时,飞膜就如同降落伞一般。飞鼠最高能从50米的树上滑下。在此过程中,飞鼠的尾巴就如同舵,可以控制甚至改变方向。

2 学名鼯鼠(wú shǔ),也叫飞虎。

水生动物

目前世界上最小的鱼是几年前在印度尼西亚的苏门答腊岛被发现的。这种袖珍鱼被视为鲤鱼家族的一员,成熟期体长也只有8毫米左右,相当于一只蚊子大小。虽然身体很短,但这种鱼的拉丁文学名却非常长:Paedocypris progenetica。

橄榄绿鳞龟是地球上现存最小的海龟,体长只有70厘米。圆形龟壳是它们最显著的特征。橄榄绿鳞龟分布于热带和亚热带海洋,主要以蟹类、蜇类和墨鱼为食。

"短小精悍"的蛇

蛇也有"迷你版":2008年,人们在加勒比海的巴巴多斯岛上发现了世界上最小的蛇。这种蛇身长只有10厘米,再加上褐色的表皮,看起来更像一条蚯蚓。

鸟

世界上最小的鸟——吸蜜蜂鸟来自于蜂鸟家族，它们从喙到尾羽的总长只有7厘米，体重不足2克，是公认的袖珍鸟。吸蜜蜂鸟只分布在古巴岛上。与蜂鸟家族其他300多种蜂鸟一样，吸蜜蜂鸟也是鸟类中的飞行高手，它们在飞行中拍动翅膀的频率非常高，可以达到每秒80次。通过快速拍动翅膀，它们可以在飞行过程中突然悬停在空中。此外，吸蜜蜂鸟还有一项不可思议的本领：凭借灵活的翅膀，它们甚至可以向后、向左、向右飞行。

你知道吗？

世界上最小的猴子——侏儒狨猴只有15厘米长。它们生活在南美洲，主要分布在会定期泛滥的河流沿岸的森林中。

袖珍大集合

世界上最小的蜘蛛生活在哥伦比亚。它们有个十分响亮的名字——巴图迪古阿蜘蛛。巴图迪古阿蜘蛛的体长只有大约0.37毫米，论起大小甚至还不如一枚大头针，但如果因此就认为它们是世界上最小的动物，那就大错特错了！缨小蜂科的一种卵蜂比巴图迪古阿蜘蛛更小，最小的体长仅0.139毫米，是世界上最小的动物，人类用肉眼几乎无法捕捉。世界上一共有1000多种缨小蜂，它们将卵产在其他昆虫的卵上，以便获取养料。因此，人们常用缨小蜂来防治虫害，例如用它们来除臭虫和蛾子。

动物世界的纪录

眼力大考察

天空中飞过许多五颜六色的鸟，奥斯卡兴奋不已！仔细观察这些鸟，你们注意到什么特别之处了吗？哪两只鸟是完全一样的呢？

我是推理王

米奇站在不会飞的比亚身边，个头最小的阿尔妮站在园丁鲍里斯身边。那么，谁是阿达姆呢？请小朋友们把它圈出来吧！

寿命最短

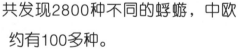

动物们的寿命各不相同：有些只能存活很短一段时间，有些却能活到数百年。

世上寿命最短的动物是一种昆虫——蜉蝣（fú yóu）。成年蜉蝣并不进食，因为它们唯一的任务就是繁殖。蜉蝣稚虫会在水底生活两到三年，直到成熟后能够飞出水面。成年蜉蝣只能存活几个小时，最长不超过几天。目前，世界范围内共发现2800种不同的蜉蝣，中欧约有100多种。

长寿之星

　　世界上个头最大的陆龟——塞舌尔象龟同时也是地球上寿命最长的动物。它们体长可达1.40米，寿命最长可达250年！而人类的长寿之星通常也就能活到100多岁而已，也就是说，塞舌尔象龟的寿命是人类的两倍多！塞舌尔象龟生活在印度洋的岛屿上，曾经分布极广，但如今仅剩几个品种。在许多岛屿上，塞舌尔象龟早已灭绝。这是因为它们的肉不仅美味，而且还具有很高的营养价值，所以遭到人类大规模的捕杀。

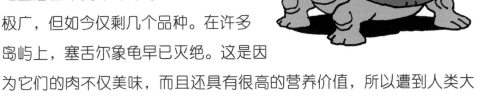

　　在哺乳动物中，人类可说是最长寿的：人类是唯一可以活过120岁的哺乳动物。其次便是象。象的寿命约为80岁。

你知道吗？

　　狗是人类驯养历史最悠久的动物。早在17000多年以前，野狼开始渐渐与人类接近，也就是从那个时候起，人类开始驯养它们。这些被驯养的野狼便是后来的狗。

飞得最高，跑得最快，跳得最远

在接下来的这一部分中我们将为大家呈现动物世界中飞得最高、跑得最快、跳得最远、最会吐口水、叫声最大等多种记录。

飞得最高

鸟类的飞行高度纪录是由黑白兀鹫创造的，它们能在11000米以上的高空飞行！这一纪录是在1973年创造的，当时一只黑白兀鹫与一架飞机在11300米的高空相撞！但这样的飞行高度并不是黑白兀鹫的常态。一般情况下，黑白兀鹫的飞行高度不超过3000米。除去这一特例，斑头雁是世界上飞得最高的鸟类。它们的飞行高度超过9000米，能飞跃世界最高山喜马拉雅山。此外，一种红棕色的蝴蝶能够飞跃3000米的山区，当属昆虫中飞得最高的品种。还曾有人在喜马拉雅山上5791米的高度看到飞舞的蝴蝶群。在哺乳动物中，栖息地海拔最高的是大耳鼠兔，它们主要分布在北美和亚洲的山区中，最高可栖息在海拔6000米高山上。

火眼金星

图中的13只蝴蝶有两只的花纹图案是完全相同的，小朋友们把它们圈出来吧！

跑得最快

哺乳动物中的奔跑冠军毫无疑问当属生活在美洲的大型猫科动物——猎豹。成年猎豹的奔跑速度可超过每小时100千米，甚至比高速公路上的汽车还要快。不过美洲豹耐力不佳，以这种速度只能奔跑很短一段距离，很快体力就会耗尽。若将耐力考虑在内，墨西哥雄鹿应该是动物界的奔跑之王。虽然这种雄鹿的速度最高只能达到每小时80千米，但它们能以这一速度奔袭数千千米。因此，在动物世界的速度纪录上，猎豹和墨西哥雄鹿都应占据一席之地。

知识拓展

双脊冠蜥是一种会在水上奔跑的蜥蜴，主要分布在拉丁美洲的热带雨林中。它们直立起来之后可以用后脚在水面上奔跑，奔跑距离长达10到20米。它们奔跑的速度很快，就像神灵在水上行走。据《圣经》记载，耶稣具有在水上行走的能力，因此双脊冠蜥也被称作耶稣蜥蜴[3]。当然，双脊冠蜥会在水上行走并非因为受到神灵的护佑，而是由于它们在水上奔跑的速度极快，水表面的张力甚至都来不及撕破水膜，因此它们能在水上滑行。一般来说，这种神奇的动物只有在遇到危险时才会展现其"水上漂"的高超技艺。

3　因为双脊冠蜥在奔跑时就像神灵在水上行走，而《圣经》记载耶稣具有在水上行走的能力，故此得名。

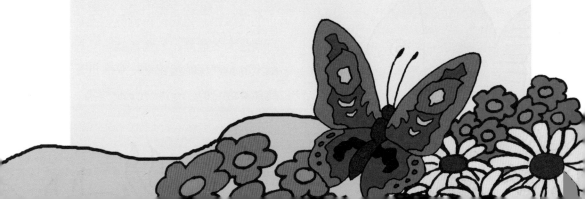

动物世界的纪录

大家来找茬

下面两幅图共有9处不同，小朋友们能找出来吗？

飞得最快

游隼不仅是飞得最快的鸟，还是所有动物中的速度之王。从高处发现猎物之后，游隼能以每小时350千米的速度俯冲下来。如果将耐力和飞翔距离考虑在内，雨燕是飞行速度最快的鸟。雨燕可以持续飞行很长时间，期间很少栖息，飞行速度保持在每小时150到200千米，是长距离飞行速度最快的动物。此外，拍动翅膀频率最高的是蜂鸟，蜂鸟每分钟翅膀振动的次数可以达到5000次。

蜻蜓是昆虫世界中的速度王者，飞行速度能达到每小时60千米。此外，蜻蜓还是唯一一种能够向后飞行的昆虫。虽然速度不及蜻蜓，但论起拍动翅膀的频率，蚊子在整个昆虫世界里是无可比拟的。一种拉丁文学名为Forcipomyia的小黑蚊每秒钟拍动翅膀的次数能达到1000次。

动物世界的纪录

没有翅膀的飞行者

小朋友们，你们听说过会飞的鱼吗？自然界中有一种鱼，它们能够暂时离开水面，在水面上"飞"一小段距离，被人们称为飞鱼。在飞行的过程中，飞鱼会张开胸鳍，就如同展开了一对翅膀。利用这对"翅膀"，飞鱼能够在水面上"飞行"约50米。当然，飞鱼"飞行"并不是在嬉戏，而是遇到攻击时的逃生手段。

有会飞的鱼，就有会飞的蛇。栖息在丛林中的游蛇可以在不同的树之间自由"飞跃"。在吃完一棵树上的食物之后，游蛇便会从树上跳下来，滑翔到另一棵树上，最长滑翔距离可达到80米。因此，游蛇也被称为飞蛇。在飞行过程中，游蛇会将肋骨伸展开，这样身体宽度就扩大了一倍，整个身体如同机翼一般。正是凭借这个"机翼"，游蛇能够自由地滑行。游蛇大多栖息在亚洲的热带雨林中。

与游蛇类似，飞蜥在寻找食物时也会在树之间不停地滑翔。但与游蛇不同，飞蜥体侧有许多对彩色的翼膜。栖息在树上时，飞蜥会将这些翼膜收在体侧。通常，飞蜥的滑翔距离不超过几米，但它们的最长滑翔距离能达到60米以上。飞蜥主要分布在东南亚的热带丛林中。

海洋中的速度之王

海洋中游动速度最快的哺乳动物是虎鲸，它们的游泳速度最快可达每小时50千米。虎鲸是一种群居动物，以家族为社交单位，即所谓的族群。虎鲸是非常聪明的"猎人"。生活在北极的虎鲸会撼动浮冰，让海豹和海豚掉入冰水中便于捕杀。有时，虎鲸还会成群围捕猎物，将猎物围住之后从不同的方向攻击，以增加成功的几率。

成年虎鲸的体长可达9米，体重可达10吨。虎鲸的分布很广，它们生活在世界的各个海域中，其中尤以大西洋和南极地区居多。

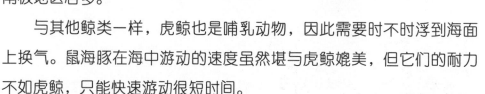

与其他鲸类一样，虎鲸也是哺乳动物，因此需要时不时浮到海面上换气。鼠海豚在海中游动的速度虽然堪与虎鲸媲美，但它们的耐力不如虎鲸，只能快速游动很短时间。

对生活在印度洋和太平洋里的旗鱼来说，虎鲸的速度可就是"小巫见大巫"了。作为鱼类中的游泳冠军，旗鱼的速度能达到每小时110千米。相比之下，人类就逊色多了：一个出色的游泳健将能在50秒内游行100米，也就是说每小时最多能游7千米。

动物世界的纪录

英文充电站

　　海底世界真是五彩缤纷啊！有这么多有趣的
动物。小朋友们知道它们对应的英文单词吗？请
小朋友们把对应的序号标在单词前吧！

dolphin
seaweed
jellyfish
coral
seahorse
starfish
crab
shell

最慵懒的动物

树懒生活在中美的热带雨林中。对树懒来说，这个名字可谓是实至名归，因为它们的确是世界上最懒的动物。树懒一生中的大部分时间都在抱着树枝睡觉打盹。对它们来说，其他所有事情都太耗费力气，即使是最简单的走动。因此，树懒也是世界上行动速度最慢的哺乳动物。在地面上，树懒每分钟只能挪动两米，也就是说，每小时120米。而在树丛之间，树懒运动的速度会稍快一些，时速为240米。

在鱼类中，海马的游动速度是最慢的。由于其僵硬的头部构造以及短小的背鳍，海马不能在风浪中逆行，大部分时间都用卷曲的尾巴将自己缠附在海中的植物和珊瑚上，体型较小的海马每小时甚至只能游动16米。海马因其头部酷似马头而得名。更多有关海马的信息可以参阅本书的第100页。

知识拓展

德国人形容一个人懒时，习惯用"懒鸭子"一词[4]，但事实上，鸭子并不懒，野鸭的飞行速度甚至可以达到每小时110千米。

————

4　德语是 lahme Enten，直译过来为懒鸭子。

动 物 世 界 的 纪 录

拼图游戏

左边的图片缺了一块，缺的是哪一块呢?

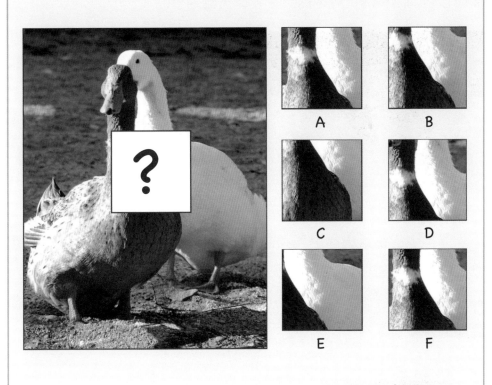

跳得最高

动物界中"跳高冠军"这一头衔毫无悬念应当授予非洲的一种羚羊——山羚。山羚能够在静止状态下猛然向上飞跃8米。它们生活在非洲多石、不平的丘陵地区，主要以树叶为食。

海豚是名副其实的"杂技演员"。

水生动物中，海豚能跃出水面6米，"跳高皇后"一名当之无愧。至于它们为什么不时跃出水面，至今仍然是一个谜。有人认为它们需要借此清洗自己的身体，也有人认为这只是它们在嬉戏。海豚广泛分布在世界各大洋中。

鸟类中的跳跃高手当属美洲黑杜鹃。这种杜鹃体长约0.5米，跳跃高度可达3米。它们主要以昆虫、壁虎、啮齿目动物以及小蛇为食，在追赶猎物时蹦蹦跳跳，如同小袋鼠。美洲黑杜鹃主要栖息于美洲墨西哥的沙漠中。

火眼金星

下面的3个影子中，只有一个影子与左上角的袋鼠完全吻合，小朋友们能找出来吗？

跳得最远

在哺乳动物中，雪豹的跳远能力无疑是最强的，曾跳过16米以上的距离！雪豹是一种极为罕见的动物，主要生活在中亚的高山里。

虽然将40厘米视作跳远纪录听起来有些奇怪，但如果创造这一纪录是一只3毫米长的跳蚤呢？40厘米的成绩是不是就不可小视了呢？按照这样的比例，人类应当能够跳270米远。从这个意义上来说，跳蚤同时也应该是动物世界的跳高冠军了，它们跳起的高度能达到20厘米。

在有袋目动物中，大袋鼠以10米的跳跃距离位列第一。跳跃时，大袋鼠需要用大大的尾巴

来控制方向、掌握平衡。袋鼠是食草动物，只分布于澳大利亚。受到攻击时，袋鼠会直立，用其强有力的后腿攻击敌人。因此，几乎没有动物敢正面攻击它们。

动物世界的纪录

潜水高手

论潜水，海洋动物的优势自然很明显：世界上最会潜水的动物当属抹香鲸，它们能够下潜到海下3000多米，因为那里生活着它们最喜欢的食物——巨型乌贼。抹香鲸可以持续两个小时深潜在没有空气的深海中！当然，作为哺乳动物，抹香鲸仍然需要不时浮到海面上换气。抹香鲸分布于

抹香鲸的头是所有动物中最重的，可重达9.5吨。

地球上各个海域，体长可达18米，体重可达50吨。抹香鲸的头部几乎占身体总长的1/3，形状类似于正方形。

知识拓展

来自南美的船鸭的潜水方式最为特别。一般鸟潜水时都是头部先潜入水面，而船鸭则不同。它们会将身体不

断下潜，只将脑袋露在水面之上。船鸭这种独特的潜水方式能够保护它们不被食肉动物发现。此外，船鸭之所以得名是由于它们独特的游泳方式。与其他大多数只用脚蹼划水的鸟不同，船鸭同时还会用翅膀划水。它们用翅膀拍打水面所发出的声音与装有马达的蒸汽船所发出的声音所差无几，因此它们被称作船鸭。

不仅海洋动物，有些鸟也是潜水高手。潜鸟毫无疑问是飞鸟中的潜水冠军，它们能潜入水下70米并在水下停留5分钟。潜鸟的家乡位于北美洲北部的冻原地区。相比会飞的鸟，不会飞的鸟的潜水成绩更佳：帝企鹅（鸟类的一种）在寻找食物时能潜入水下200米，在某些特别情况下，甚至能潜到500米的深度，并且能在水下停留20分钟左右。正如其名，身高1.30米、体重50千克的帝企鹅是企鹅中的"帝王"，主要分布于南半球的海洋中。

数独游戏

请小朋友们将1至6六个数字填入下图的空格中。小提示：每个数字在它所在的横行、竖行和蓝边六格矩形中都只出现一次。

4	3	1	2		5
5	2		4		3
	5				
				1	5
		4			
			3		6

		4			6
			3	1	4
6	2			4	
1			6	3	
			4		5
		6	1		

动物世界的纪录

周游世界

自然界中有些动物一生都在不停地奔波中：有些在夏季过去的时候会迁移到更暖和的地方过冬，有些不惜长途跋涉，只为让肚子里的宝宝出生在自己当初出生的地方。

候鸟

许多鸟都会飞行很远的距离到温暖的地方过冬，这些随着季节沿纬度迁徙的鸟被称为候鸟。北极燕鸥是世界上迁徙距离最远的候鸟。它们会在夏季时飞到北极地区孵卵，而在北半球进入冬季之后，又会飞回南极过冬，因为此时的南极正当夏季。为此，北极燕鸥每年需要飞行约36000千米，接近于绕地球一周的距离。此外，它们还是所有鸟当中度过白天时间最长的鸟。

知识拓展

为了在飞行过程中不迷失方向，长途飞行的候鸟有着令人惊讶的导航办法：它们顺着地球的磁场飞行，这样便能保持正确的方向在南北之间穿行。

不停奔波的鱼

　　太平洋大马哈鱼的生命始于加拿大的淡水河。在卵孵化成幼苗之后，幼苗会顺流而下进入海洋中。大马哈鱼在淡水和海水中都可以生存。几年以后，成熟的大马哈鱼会不辞辛劳、长途跋涉、重新游回加拿大的淡水河流里。在快到达目的地之前，大马哈鱼会停止进食，直到游回出生的水域中。筋疲力尽的大马哈鱼在自己出生的水域产下卵后就会死去。大约4个月后，大马哈鱼产下的卵孵化为幼苗，于是新一轮的迁徙又开始了。大西洋的大马哈鱼也会洄游回自己出生的淡水江河中产卵，但是它们不会在产下卵之后立刻死去。

　　欧洲鳗鲡（mán lí）在巴哈马群岛附近的马尾藻海中产下卵，孵化后的幼苗花费约3年的时间游回欧洲，并在欧洲的内陆淡水水域生活。成年欧洲鳗鲡会再度游回大西洋产卵。为此，它们一年内最远要洄游5000千米。产卵之后，欧洲鳗鲡也会立刻死去。

力量最大

大象能够驮起1000千克的重物，但如果仅凭此就判定大象是动物界中位居第一的大力士显然有些不公平，因为大象的体型巨大。如果将体重的因素考虑在内，蚂蚁就要比大象力量大得多。来自南美的剪叶蚁可以负载超过自身体重11倍的重物。

叫声最大

每天早晨即便再不情愿，也要早早起床上学，小朋友们有想大吼一声的冲动吗？这个时候，吼猴一定能够用它们巨大的吼声帮助你们表达自己的愤怒——虽然它们生活在热带雨林中，不可能出现在我们家中。

你知道吗？

人是一种哺乳动物，是从猿猴历经几百万年进化而成的。如果我们将猿猴的基因与人类的基因进行对比，会发现二者几乎相同——当然只是"几乎"相同，而不是完全相同。此外，说起猿猴，这里再补充一个小小的世界纪录：黑猩猩是世界上体型最大的猿猴。

动物世界的纪录

吼猴是世界上叫声最大的哺乳动物。但若比起声音大小，有一种昆虫更胜一筹：非洲蝉。非洲蝉的叫声甚至能盖过街道上嘈杂的噪音。这种小小的昆虫通过撞击反弹自己的外壳来发出声音，就如同打鼓一般。此外，蓝鲸是海洋动物中最吵的动物，它们的叫声甚至可以赛过喷气式飞机。

英文充电站

下面给出了9个英文单词和9种动物的描述，请小朋友们将对应的序号标在单词前吧！

elephant	1. 跑得最快的鸟
snow leopard	2. 游动速度最快的海洋哺乳动物
killer whale	3. 游动速度最慢的鱼
seahorse	4. 最大的爬行动物
giraffe	5. 跳得最远的哺乳动物
ostrich	6. 最高的哺乳动物
crocodile	7. 最重的陆生哺乳动物

挑战环境之最

世界上最耐高温的动物当属庞贝蠕虫了。这种不超过15厘米长的毛虫生存在太平洋深海的"黑烟囱"附近。"黑烟囱"是指海底深处火山口喷发形成的管道。而庞贝蠕虫便将它们的家建在这些温度高达80℃的"黑烟囱"上。这些耐高温的家伙主要以细菌为食。

林蛙是最耐寒的动物，因此人们也将它们称为雪蛤。在极度严寒的气候下，大部分生物早已被冻死，但林蛙却能很好地存活下来，因为它们的血液中含有一种耐寒的物质，因此可以承受零度以下的恶劣气候。林蛙主要分布在阿拉斯加、加拿大和美洲北部，北极圈内也有它们聚居的地点。

知识拓展

大羚羊是最能忍受高温的哺乳动物。它们能很好地适应北非沙漠和阿拉伯半岛的气候，并能和骆驼一样在体内储存水分。只有当体温超过46℃时，大羚羊才会出汗。而在这一温度下，我们人类早就虚脱了。

火眼金星

下面图中有哪几对庞贝蠕虫是完全相同的？哪一只与其他庞贝蠕虫都不一样？

1

2

3

4

5

6

脚最多

虽然千足虫并非真有1000只脚，但它们仍然是世界上脚最多的动物。普通的千足虫一般有大约300对足，也就是600只脚。在美国的加利福尼亚州，人们甚至发现过拥有750只脚的千足虫。

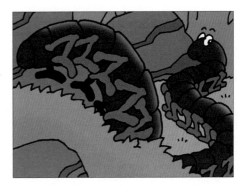

皮最厚

海獭有一身厚厚的皮毛，平均每平方厘米有115000根毛，是世界上皮毛最厚的哺乳动物。海獭主要分布在阿拉斯加海岸，是最小的海洋哺乳动物。海獭没有厚厚的皮下脂肪来御寒，因此只能靠厚厚的皮毛保护自己不受寒冷的侵袭。此外，海獭发达的肺部系统也是保证它们能够很好适应海洋生活的重要原因之一：海獭可以在水中闭气4分钟左右，在这段时间内，它们能够潜入水下30米处寻找食物。海獭最喜欢在海底寻找可口的蟹类、贝类以及海胆。由于这些动物总是有厚厚的保护壳，所以海獭在寻找食物的同时也会寻找石头。在浮出海面之后，海獭就会用石头将食物的外壳砸碎，然后享用里面的美味。

动物世界的纪录

大家来找茬

　　我们都知道，长颈鹿是世界上最高的哺乳动物。凭借长长的脖子，长颈鹿可以吃到树冠上新鲜的树叶。然而有利就有弊，长颈鹿在饮水时必须叉开双腿才行。

　　下面两幅图共有8处不同，小朋友们能找出来吗？

奇异的感官能力

自然界中的许多动物都拥有令人吃惊的超能力：有些动物可以用腿来"闻"东西，有些动物没有耳朵也能"听"见声音，有些动物甚至还有第六感。在接下来的这一部分中，我们将会为小朋友们历数这些神奇的动物感官纪录。

鹰眼

当我们说某人拥有一双鹰眼时，往往是在夸赞其目光敏锐。鹰的视力绝佳。它们在高空盘旋，如果没有一双锐利的眼睛，根本无法发现地上的猎物。鹰能从1.5千米的高空瞥见地上奔跑的老鼠，然后迅速俯冲下来将其叼走。但鹰在视力方面却并不是"世界之最"，游隼（yóu sǔn）的视力比它们更好。8千米外的小鸟都逃不过游隼的眼睛或许今后我们在称赞某人视力好时应当改口形容他拥有一双隼眼了！

算一算，拼一拼

下面的算术题中隐藏着一种动物的英文名称，只要小朋友们按照算式结果由小到大将算式前的字母排列，就可以知道答案啦！

答案：...

动物世界的纪录

复眼

人们将昆虫的眼睛称为复眼，因为它们不是单个的眼睛，而是由许多小眼组成的。蜻蜓是小眼数量最多的昆虫——最多能达到30000个。复眼中的每个小眼都能够看到周围环境的一小部分，昆虫的大脑再将这些视觉的小碎片整合成一幅完整的画面。蜻蜓的复眼非常大，而且闪烁着不同的颜色。

苍蝇在身边飞来飞去，我们真是不胜其扰，但奇怪的是我们很难抓住它们。这是因为苍蝇的眼睛对动作非常敏感，它们的大脑每秒会传输大约150张图片，再小的动作也逃不出它们的眼睛。因此，它们总能巧妙地从苍蝇拍下逃生。

你知道吗？

蜘蛛有8只眼睛，它们分布在蜘蛛头部的各个方向。因此，蜘蛛能同时将头上方以及背后的情况收入眼底。

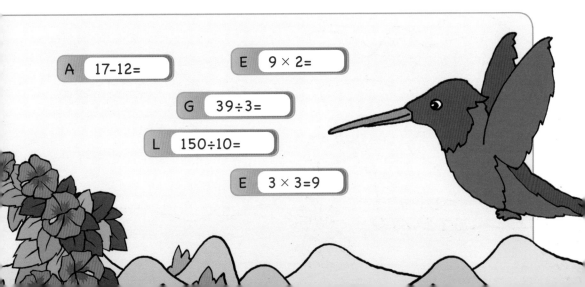

A | 17-12=

E | 9 × 2=

G | 39÷3=

L | 150÷10=

E | 3 × 3=9

在黑暗中视物

自然界中有些动物习惯在夜晚捕食、白天睡觉。为了能够在黑暗中看得更清楚，这类动物的眼睛往往对光非常敏感。习惯在黑暗中捕食的猫头鹰当属最典型的夜视动物了。此外，为了让瞳孔更好地接收光线，猫头鹰的眼睛也明显大于其他动物。

猫头鹰在黑暗中视觉非常灵敏。

知识拓展

即使在没有一丝光线的纯黑暗环境中，响尾蛇也能够准确捕捉到猎物。这是因为响尾蛇眼睛和鼻孔之间的颊窝对周围环境的温度变化极为敏感，它们可以立刻感受到周围敌人或猎物的靠近。响尾蛇主要分布在欧洲、亚洲和美洲地区。

盲鱼

在与外界光线完全隔离的墨西哥岩石洞里生存着一群盲鱼——无眼洞鲈。事实上，盲鱼并非生来就看不见东西，而是由于在完全黑暗的环境中不需要视物，它们的视觉逐渐退化，而相应地，它们其他的感官能力也强于一般的鱼。

灵敏的耳朵

猞猁拥有一对出奇灵敏的耳朵，是世界上听力最好的动物之一。猞猁两耳的耳尖处布满了4厘米长的笔毛。即使是1000米外的轻微响声，猞猁也能够准确捕捉到。20世纪50年代，德国境内的猞猁几近灭绝。但近几年，这些耳朵灵敏的猫科动物再次回到德国，在哈茨山脉一带定居。

用腿"听"声音

叶蝗和蟋蟀的耳朵并非长在头上，而是长在腿上。在它们的腿上覆盖着一层薄膜，其作用就如同人的耳膜一样，可以接收声波的振动。是不是很神奇呢？

凭感觉"听"声音

要想把蛇吓跑，必须用脚使劲跺地。小朋友们听说过这种说法吗？这是因为蛇虽然没有耳朵，但它们皮肤的触觉却相当灵敏，能够感受到地面上轻微的动静。不仅是蛇，我们也同样可以感觉到声音。例如，如果我们将音响的音量开得很大，然后将手放在音响上，我们就能清楚地"感觉"到声音了。

超级鼻子

　　说到嗅觉灵敏的动物，小朋友们一定会首先想到狗。的确，狗的嗅觉非常灵敏，比我们人类的嗅觉好许多倍。在顺风条件下，狗能嗅到3000米以外的气味。狗灵敏的嗅觉来自于它们快速的呼吸，它们的呼吸频率能达到每分钟300次。除了能嗅到远处的气味外，狗的鼻子还有一个无可比拟的功能——能分辨多达100000种气味，而人类最多能分辨10000种不同的气味。

宠物迷宫

　　下面图中的3条狗的主人分别是谁呢？

长在触角上的"鼻子"

昆虫没有鼻子，它们用触角来嗅空气中的气味。嗅觉最灵敏的昆虫当属雄性天蚕蛾了。雄性天蚕蛾利用它们灵敏的嗅觉求偶。凭借触角，它们能嗅到11千米外的雌性天蚕蛾。

黄蜂也用触角闻气味。

昆虫触角的作用还不止于此。大多数昆虫还利用它们的触角来"听"声音。如同人类的耳膜一样，昆虫触角顶端的细微毛发也能够接收声波的振动。

知识拓展

在很长一段时间里，人们都认为鸟类没有嗅觉系统，因为它们的鼻孔很难辨认。但现在我们已经知道，鸟类的确是通过气味来辨认猎物的。例如，新西兰的鹬鸵嗅觉就非常灵敏，其鼻孔长在喙的顶端。

用气味传递信息

蚂蚁不需要用语言来传递信息，而是凭借气味。蚂蚁发现食物后，就会在食物所在的地方留下气味。其他蚂蚁便循着这股气味去搬运食物。除此之外，蚂蚁还靠气味来辨别彼此是否属于同一巢穴。如果嗅错了气味，它们就会"无家可归"了。

用腿品尝食物

有时候我们不小心会喝下发酸变质的牛奶，但对蝴蝶来说，这样的事情绝对不可能发生，因为蝴蝶是世界上唯一一种味觉器官长在腿上的动物。通过用腿品尝食物，蝴蝶能够准确分辨新鲜食物和腐坏食物。

分叉的舌头

蛇具有双尖分叉的舌头，它们不仅用舌头品尝食物，还用舌头辨别气味。蛇的舌头在不断摆动过程中能感受到空气中的各种气味，从

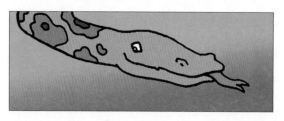

而判断周围有敌人还是有食物。由于蛇在许多故事中总是以阴险、狡猾、毒辣的形象出现，因此在德语文化里，评价一个人口是心非时，人们常常会说"用分叉的舌头说话"。

你知道吗？

食蚁兽拥有世界上最长的舌头，它们的舌头最长能达到60厘米。

另类的触觉

人类习惯于用手触摸并感受事物。在这一点上，海豹有完全不同的方法。它们用胡须来感受事物，效果非常棒。它们能用胡须感受到水下非常轻微的动静，即使是40千米以外鱼鳍的轻轻拍动声也逃不过它们的耳朵。

神奇的生物钟

几乎所有的生物都有属于自己的生物钟，例如狗每天总在同一时刻要求进食，鸟儿每天总在同一时刻开始鸣唱。不同的鸟有不同的生物钟，在生物钟的影响下它们会在日出前或日出后"起床"，开始唱歌。太阳的位置对于鸟类的生物钟起着主要的引导作用。

在一次实验中，科研人员甚至发现，不管外面是白天还是黑夜，小飞鼠的生物钟都能发挥作用。它们会在每天的同一时刻进入转轮中睡觉，虽然它们所处的房间永远都亮如白昼。

动物世界的纪录

第六感

鱼和人类一样具有5种感官：听觉、嗅觉、味觉、触觉和视觉，有些鱼甚至还能分辨颜色。但是，除此之外，所有的鱼还有一种

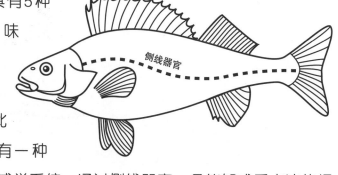

侧线器官

侧线器官，即远距离感觉系统。通过侧线器官，鱼能够感受水波的振动，从而察觉是否存在障碍物以及是否有敌人靠近。鱼正是凭借这一感觉系统来感知危险的。这个特别的感觉系统长在鱼的体侧，看起来就像是用笔画出的一条虚线，侧线器官由此得名。

定位感官

象鱼因其嘴部狭长呈剑状而得名，它们主要生活在非洲撒哈拉以南的淡水湖和河流中。象鱼的尾部生长着一个带电的器官，这是象鱼独特的感官系统。象鱼可以利用这一器官在自己身体周围制造出一个电场，将自己与其他同类隔绝开来，因为象鱼是独居动物，成群活动的象鱼极为罕见。凭借天然的电场，象鱼还能感受到四周的障碍物以及其他生物。这一点对象鱼来说非常实用，因为它们所处的水域通常污浊泥泞，单靠眼睛很难辨认周围复杂的环境。

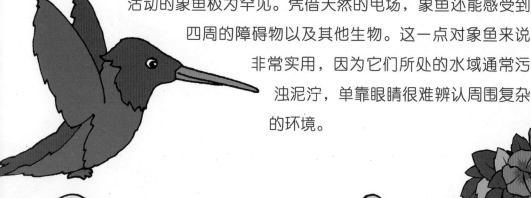

动 物 世 界 的 纪 录

涂鸦学英文

下面是8种动物所对应的英文单词，请小朋友们试着在单词旁写出中文，并在空白处以简笔画的形式画出这些动物吧！

ant	owl
butterfly	spider
snake	dog
seal	dragonfly

摄取食物

所有动物都需要食物来维持生命，但吃什么、吃多少、怎么吃，每种动物却各不相同。大象吃的比老鼠多，这点大家都知道，可是你们知道大象一天之中有18个小时都在吃东西吗？在18个小时内，大象能吃掉大约200千克的草、树叶和树枝。此外，它们还需要补充大量的水——每天100到150升。更多有趣的信息，我们将在接下来的部分为大家一一呈现。

禁食时间最久

在摄取足够的水分和维生素的情况下，一个普通体重的人可以50天不进食。那么有比人类禁食更长时间的动物吗？答案是"有"！自然界中有些动物甚至一生都不进食。有些种类的蝴蝶由于口器退化导致无法进食，一条毛毛虫就足够维持一生！天蚕蛾和杨树蝶都是不进食的蝴蝶，二者都分布在欧洲。

你知道吗？

有些壁虱能够10年不进食。因此，在饱餐一顿之后，它们有足够的时间去寻找下一个猎物。

鱼儿清洁站

在印度洋和太平洋的热带海域中分布着一些特殊的"清洁站",而负责经营"清洁站"的竟然是鱼——裂唇鱼。裂唇鱼会将其他鱼身上的寄生虫及坏死的皮肤清洗干净。在这些"清洗站"中,就连那些凶猛的食肉类大鱼也会变得温顺。它们会静静地排队等候裂唇鱼为它们提供清洁服务,甚至还会允许裂唇鱼在它们的嘴中游走清理。偶尔遇到脾气火爆的家伙,裂唇鱼也有办法让它们安静下来。裂唇鱼会围绕着这些鱼"跳舞",并轻柔地"抚摸"它们,直到它们安静下来为止,然后再继续清理工作。不用担心裂唇鱼的"顾客"会误食它们,因为"顾客"会根据裂唇鱼身上的条纹来辨别它们。而裂唇鱼主要以从"顾客"身上清理下来的寄生虫为食。

单词转盘

下面的转盘中隐藏着一个英文单词,是"打扫、清理"的意思,请小朋友们按箭头指示的方向把它补充完整吧!

G C
?   L
I   E
N ?

答案:

狼吞虎咽的家伙

爸爸妈妈经常提醒我们，吃饭时要细嚼慢咽，不能狼吞虎咽。但这一建议并不适用于某些动物。鸟在吞食昆虫时不会咀嚼，因为它们没有牙齿。蛇也如此，它们总是将猎物整个吞进肚中。或许你们会说："这也没什么奇怪的呀！算什么世界纪录！"可是，如果我告诉你们，蛇不仅会吞食昆虫，还能将野猪或小鹿一口吞入腹中，你们是不是感到惊讶了呢？如果有"狼吞虎咽的动物"这一比赛，蛇将会是当之无愧的冠军。

那么，蛇是怎样用小小的嘴巴吞下巨大的猎物的呢？这是因为蛇的颌骨非常灵活，所以蛇嘴的开合度很大。根据猎物大小的不同，蛇用来消化的时间也不同，有时需要几天，有时则需要几个月。直到完全消化并找到新的猎物之前，蛇不会再进食。

蛇的种类不同，猎取食物的方法也有所不同。有些蛇会潜伏起来等待猎物自己靠近，例如蝰蛇；还有些蛇会主动寻找猎物，例如游蛇，它们会在灌木丛中蜿蜒爬行，睁大眼睛寻找猎物。

会扔石头的鸟

埃及秃鹫是兀鹫中体型最小的一个种类，只有大约60 厘米高，主要分布在欧洲和非洲。由于埃及秃鹫的羽毛不是纯白色的，显得稍微有些脏，因此也被人们称作脏毛秃鹫。埃及秃鹫以各种小型动物的尸体为食，但最偏爱的食物还是鸟蛋。但想要吃鸟蛋却并非易事，尤其对象是一枚又大又硬的鸵鸟蛋。不过对付鸟蛋，埃及秃鹫有一套巧妙的办法：如果是比较小的鸟蛋，埃及秃鹫会用喙叼起它并将它扔到石头上撞碎；如果是比较大的鸟蛋，埃及秃鹫就会拿一块石头不停击打蛋壳，直到蛋壳被击碎为止。凭借这一本领，埃及秃鹫也创造了一项光荣的世界纪录——世界上唯一会扔石头的鸟！

聪明的乌鸦

有些鸟不会费力地亲自去砸坚果壳，而是让它们自动裂开。具体怎么操作呢？让乌鸦告诉我们答案吧！聪明的乌鸦会借助外力来砸开坚果壳。它们发现，当汽车从坚果上碾过后，坚果的壳就会自动破裂。这个窍门在聪明的乌鸦中迅速传播开来，许多其他动物也开始借鉴。除了这件事外，还有一个证据能够证明乌鸦的聪明：它们会站在人行道的斑马线旁等待绿灯亮了再跳到车道上把碾碎的坚果捡回去。当然，小朋友们绝对不要效仿，因为我们有更为方便安全的坚果夹子。

偏食主义者

小朋友们有没有特别偏爱的食物呢？自然界中也存在一些特别"偏食"的动物，它们只吃自己中意的食物，而对其他食物毫无兴趣。其中，食草动物中的"偏食大王"当属熊猫和树袋熊。

熊猫生活在中国西南部多雾潮湿的山林中，是独居动物，一只熊猫往往会占据一整片山林。只有在每年三月至五月的求偶期，人们才能见到成双出现的熊猫。

熊猫的食谱非常单一：它们只吃竹子，尤其酷爱竹笋和竹叶，而不吃任何其他东西。熊猫每天大约能吃掉10到20千克的竹子，当然这也会耗费相当多的时间：它们每天几乎有12个小时都在进食。由于竹子生长的速度慢于熊猫啃食的速度，再加上气候原因，竹林迅速减少，从而导致熊猫的生存受到威胁。

知识拓展

虽然熊猫只生活在中国一片很小的区域里，但它们在世界范围都可谓是大名鼎鼎、妇孺皆知。世界最大的自然保护组织之一——世界自然基金会的Logo标志就是熊猫。

除了熊猫外，澳大利亚的树袋熊也是典型的"偏食主义者"。它们只吃桉树叶，还得是精挑细选过的桉树叶。并不是所有的桉树叶都合树袋熊的口味，现在已知的500多种桉树叶中只有大约70种是树袋熊偏爱的对象。

白天，树袋熊几乎全天都挂在树枝上打盹，只有到了夜里，它们才会进食。一只成年树袋熊每天晚上只吃大约500 克精心挑选的桉树叶。这是因为桉树叶含有有毒物质，不能过多食用。也因为这一原因，树袋熊更喜欢吃较老的叶子。树袋熊很少饮水，因为桉树叶含有大量水分。树袋熊的英文名字"koala"也正来源于它们不爱喝水这一习性，因为在澳大利亚当地的土著语言中，koala的含义便是"不喝水"。

你知道吗？

树袋熊和袋鼠同属于有袋目动物。在36天的怀孕期过后，刚出生的小树袋熊会爬到树袋熊妈妈腹部的育儿袋中生活6个月，度过哺乳期。6个月后，小树袋熊会爬到母亲的背上生活。

饮水冠军

　　骆驼是一次性饮水最多的动物：它们能在15分钟内喝下200升水——相当于整整一浴缸水！但骆驼喝下的水并非如许多人所想的一样储存在驼峰里，而是储存在骆驼的身体里。而驼峰里储存的则大多是脂肪。

　　凭借这种储存水分的办法，骆驼在沙漠里5到10天不饮水都不会渴死。此外，为了减少出汗、避免水分的无故散失，骆驼还有属于自己的小窍门：夜晚，它们会将自己的体温降至34℃，这样到了第二

天，它们就需要更长的时间来将体温升至正常的38℃，而骆驼只有在体温超过40℃时才会出汗，这样就能有效避免水分的散失。

　　对人类而言，骆驼可谓用处多多：在沙漠里长途跋涉时，人们常常将骆驼用作坐骑或用它们负担重物；此外，骆驼还能为人类提供毛皮和骆驼奶。

你知道吗？

　　世界上共有6种不同种类的骆驼，它们分布在不同的地域：单峰骆驼主要分布在亚洲和非洲，会吐口水的大羊驼和阿尔帕卡羊驼以及野生的原驼、小羊驼均生活在南美洲，而双峰骆驼则分布在东亚地区。

动物世界的纪录

大家来找茬

下面两幅骆驼图共有8处不同，小朋友们能找出来吗？

捕猎

食草动物的食物来源非常简单，它们只需要啃食周围的植物即可。那么，食肉动物该如何获得食物呢？答案是捕猎。谁是它们的猎物？它们又如何寻找猎物呢？

说到食肉动物，许多人首先想到的就是大型食肉类猫科动物，如虎、豹、狮子等。它们有时会蛰伏在某个地方等待猎物出现，但更多时候则是主动追踪猎物。它们习惯独来独往，所谓"一山容不得二虎"，只有在求偶期，这些骄傲的"王者"才会成对出现。

知识拓展

老虎是现存世界上体型最大的肉食类猫科动物，主要以体型较大的哺乳动物为食，如鹿和羚羊。

谁是异类

下面哪种动物与其他动物不属于同一类呢？为什么呢？

　　虽然大部分食肉类猫科动物都是独居动物，但狮子却是唯一的例外。狮子是世界上唯一一种群居的食肉类猫科动物，以狮群为单位聚居。一般来说，几只雌狮会共同追踪猎物，在距离猎物约30米时将猎物围起来。凭借这种方法，它们甚至能杀死一头体型较小的象。此外，羚羊、斑马、角马、水牛等都是它们的狩猎目标。每个狮群都有各自的领地，雄狮会拼死保护领地不被其他狮群侵犯。每个狮群一般都包含连续的几代雌狮、一头成年雄狮和一些成长中的狮宝宝。

会吐口水的鱼

大羊驼不高兴时，会吐口水发泄情绪。那么，你们知不知道，有一种鱼也会吐口水呢？这种会吐口水的鱼名为射水鱼。凭借从嘴里射出的水柱，它们能将岸边1.50米外灌木丛上的昆虫击落然后将其吃掉。这种聪明的鱼主要分布在亚洲和澳大利亚红树林附近的环礁湖中。

会钓鱼的鱼

深海鮟鱇嘴上方的前额上长着一根细长的肉柱，肉柱顶端有一块诱饵一样的细鞭。根据种类的不同，肉柱的形状也略有差别：有的看起来像是蠕虫，有的则更像小鱼。当猎物靠近时，深海鮟鱇会静静平趴在水底并轻轻晃动头顶的诱饵。等猎物毫无戒心地靠近之后，它们就会突然张开大嘴，以闪电般的速度将猎物吞入腹中。

身背"钢锯"的鱼

自然界中有一种鱼，它们时时刻刻都随身带着一把"锯子"，被人们称为锯鳐。锯鳐会游到大型鱼群中挥舞"锯子"，那些受伤掉队的鱼就会变成它们腹中餐。此外，它们还会用"锯子"在泥土中挖掘贝壳类动物。

四眼鱼

有长着4只眼睛的鱼？当然有！它们就是四眼鱼。四眼鱼主要分布在中南美泥泞的三角洲地区。当它们停留在水面上时，能同时看到水上和水下的情形，因为它们的每只眼睛都从中间分为均等的两份，上下各有一个瞳孔，看起来就像拥有四只眼睛一样。这样的眼睛简直可以用"无与伦比"来形容啦！凭借它们，四眼鱼在看到水下的猎物的同时，也可以防止敌人的侵袭。

鱼钩迷宫

下面哪个动物钓到了小号？

会放电的电鳗

　　自然界中每一种生物体内都能制造电流，只是大部分生物主要将这种微弱的电流用于在神经系统间传递信号，例如肌肉和大脑之间信息的传递。但是，也有些鱼会将其作为武器。体长约3米的电鳗所释放出的强大电流能将一匹马电晕或将一个人杀死。不过这种分布于南美河流中的鱼对马和人并无兴趣，它们主要利用其强大的电流来捕杀猎物，而这些猎物主要是一些小型鱼。

字母探秘

　　看看小狗奥斯卡这身行头，小朋友们猜出来它的职业了吗？对啦，它是个不折不扣的猎人！小朋友们知道猎人的英文单词吗？它就隐藏在右边的字母框中哦，请把它找出来吧！小提示：这个单词由6个字母组成，首字母已给出。

R	I	L	C	I	H̲	C	B	H	I
E	N	R	E	S	I	C	N	H	
G	U	E	T	F	Z	A	E	H	

答案：...

会"拳击"的螳螂虾

和普通的虾不同，螳螂虾没有虾钳，其前肢更像一对锤子，螳螂虾在挥舞前肢时如同在打拳击。嘭！又一只小鱼被击倒！为了方便进食，螳螂虾还会用它们的"锤子"将猎物敲成小块。螳螂虾的体长可达30厘米，是世界上唯一一种在进食前会"痛打"猎物的虾。

会"打枪"的枪虾

枪虾生活在印度洋和太平洋的海域里。能够成功地生存在弱肉强食的海底世界，枪虾靠的是一把特有的"手枪"——巨钳。枪虾的其中一个前肢是一个巨大的虾钳，当这个只有5厘米长的小虾以每秒6米的速度猛地闭合巨钳时，会形成一串气泡，同时，一股强大的水流随之喷射而出，将附近的猎物击晕或击伤。雄性枪虾彼此之间甚至会进行决斗，决出强者。如果在决斗中，巨钳被击碎，枪虾的另一个前肢上会重新长出巨钳，而被击碎的前肢上则会长出一个普通大小的虾钳。枪虾是世界上唯一一种通过将猎物击晕来捕猎的虾。

编织陷阱的家伙

蜘蛛分布在世界上的所有角落。它们织好网，然后静静等待猎物落网。有时候一只蜘蛛一晚上能织出3张新网。小朋友们一定也见过蜘蛛网吧，但你们是否注意过，蜘蛛网也有不同的形状呢？最常见的是圆形的车轮网。除此之外，有些蜘蛛还会编织漏斗状的蜘蛛网。这种蜘蛛网从上面看起来横纵交叉、杂乱无章，而事实上网的中心呈漏

蜘蛛靠自己编织的网来捕猎物。

斗状，蜘蛛们就在"漏斗"的中心等候猎物的到来。和更倾向于等待猎物的蜘蛛不同，掷网蜘蛛会将织好的网撑在前肢上。当猎物接近时，它们就会将蜘蛛网掷向猎物，并在空中将其捕获，就像我们平时捕鱼时抄网一样。

专抢食物的鸟

吼海雕是一种非洲猛禽，是鹰家族的一员，也是世界上唯一一种会从他人口中抢夺食物的鸟。它们会掐住其他鸟的脖子，将猎物从对方的喉咙里拉出来。当然，吼海雕也会自己猎食。大部分时候，吼海雕都栖息在河流或湖泊岸边的树上。看到鱼后，它们会突然向下俯冲，伸出爪子将鱼抓住，再带回自己栖息的树上进食。

动物世界的纪录

我说你答

在前面一部分内容中，小朋友们了解了动物界中一些极有特点的捕猎高手。下面是对它们其中一些的描述，小朋友们回忆一下，尽量不翻阅前面的内容，试着在下面写出对应的动物名字吧！

唯一一种群居的食肉类猫科动物

会钓鱼的鱼

体型最大的肉食类猫科动物

织网专家

会放电的鱼

会"拳击"的虾

身背"钢锯"的鱼

会吐口水的鱼

动 物 世 界 的 纪 录

眼力大考察

下面的野外动物园中隐藏着几只兀鹫呢?

动物世界的纪录

自我保护

每种动物都有不同的自我保护方法：有些会通过反击将敌人赶走，也有些干脆将自己伪装起来以防被敌人发现。在接下来的部分中，我们会向大家展现自然界中动物们高明的自我保护手段。

完美的伪装：树叶中的青蛙

海中的"盘丝大仙"

海参是一种生活在海底的动物。有些种类的海参有一种独特的防御本领：在受到攻击时，它们会从肛门喷出许多含有毒液的黏丝，用这些黏丝将敌人缠住。有时，为了分散敌人的注意，海参甚至会把自己体内的五脏六腑一股脑喷射出来让敌人吃掉，而自己则趁机逃跑。海参还有一个名字叫海黄瓜，这是因为其外形酷似黄瓜。海参的体长最短只有3厘米，而最长的却能达到1米。它们的分布很广，在世界各个海域均能见到。

眼力大考察

这是一种善于用身上醒目的条纹来伪装自己的动物，小朋友们知道它是谁吗？

动物世界的纪录

喷射毒液的气步甲

气步甲的防御方式与海参类似：在遇到敌害时，它们会从尾部的腺体中喷出一股具有恶臭味的高温毒液，这股毒液的温度能高达100℃！气步甲的身体非常灵活，能准确地向任何方向喷射液体——包括前方！气步甲的身体多为绿色、蓝色或黑色，但头部、颈壳、腿节以及触角均为红色，体长最长可达15毫米。欧洲分布着大约50种不同种类的气步甲。

我是推理王

奥利满身绒毛，它旁边站着的不是乌拉，而奥提会飞，那么谁是莱奥？请把它圈出来吧。

动物世界的纪录

缩成一团

我们都知道刺猬在受到攻击时会缩成一个圆球，用身上的刺来保护自己柔软的身体。因此，当我们形容一个人受到攻击想要保护自己的时候就会说"他/她像刺猬一样竖起了全身的刺"。不过，自然界中会使用这种方法的并不止刺猬这一种动物，其他动物也会用类似的方法保护自己。

知识拓展

犰狳（qiú yú）的防御方式与闭壳龟类似，不过仍有些许差别。与闭壳龟不同，犰狳虽然也会缩成一团，用身上的壳保护自己，但这层壳并不会完全闭合。如果敌人将头从裂开的缝隙中伸进去，犰狳就会突然紧紧合上壳，将敌人的嘴夹在壳内。犰狳只分布在美洲大陆上，壳上有数条横条，看起来就像绑着一根根带子。

闭壳龟是龟鳖类动物中唯一一种能将自己完全包裹在壳内动物。在遇到危险时，它们会把头和四肢完全缩到壳内，并将腹甲的前后两叶竖起，这样就能保护自己不受敌人的攻击。闭壳龟是两栖动物，主要分布在美洲的近海区域。

我是算术王

小乌龟跌到井里了，它卯足了全身的劲儿要爬出来。井足足有8米深，小乌龟白天爬3米，夜里降2米，它要几天才能爬到井口呢？

装死大王

有些动物在遇到危险时会用装死的办法来逃过敌人的攻击。负鼠可以算得上是其中的佼佼者了。这种生活在美洲的有袋类动物在遇到天敌——丛林狼、狐狸或猛禽时会突然停止运动，躺在原地一动不动。即使是被抓、被咬，它们也无动于衷。负鼠在装死时身体松弛、瞳孔涣散、舌头耷拉出口外，看起来与真死毫无区别。为了躲开敌人的袭击，负鼠能一直保持这种假死状态几小时以上。

你知道吗？

狐狸也会装死。不过狐狸装死并非为了躲开危险，而是为了引诱食尸类动物靠近。当后者毫无戒心地靠近之后，狐狸会突然抬起头咬住对方。凭借这种方法，狐狸甚至可以一边休息，一边捕猎。

伪装高手

小朋友们喜欢玩捉迷藏吗？如果喜欢，那可要好好跟下面这些动物学习啦！它们都是伪装高手，能将自己完全融入周围的环境中，让人难以分辨。通过伪装，它们可以很好地保护自己不被天敌发现。

芦苇丛是许多动物最理想的藏身之处。

大麻鳽（jiān）可说是鸟类中的伪装高手。全世界有两个亚种的大麻鳽，一种生活在欧亚大陆，一种栖息于非洲。大麻鳽体长约80厘米，羽毛呈黄褐色并带有斑点，颜色与芦苇极为相近。当人们靠近时，它们就会像木桩一样立在芦苇丛中：头、颈向上伸直，嘴尖朝向天空，并像芦苇一样随风晃动，完全和四周的环境融为一体。它们身体上的纵纹就像一条条芦苇杆，不仔细观察很难发现其中的奥秘。

动物数独

将3只乌龟、3只蜘蛛、一只臭鼬和一只狐狸放在右侧的空格子中，使它们在每一行和每一列都只出现一次。

叶子虫也是伪装高手，我们从它们的名字中就能看出端倪。这种酷似叶子的虫子主要分布在东南亚和澳大利亚之间的岛屿上，是世界上唯一一种把自己伪装成树叶来躲避天敌的动物。当夜幕降临，叶子虫就会在夜色的掩护下外出进食。而在白天时，它们大部分时间都会静静地趴在树枝上。但是，一旦有敌人靠近时，它们就会如同叶子一般在微风中摇摆，成年雄性叶子虫甚至会自断四肢来分散敌人的注意力。

一些形状扁平的比目鱼，例如鳎目鱼，大多生活在海底。人们很难发现它们，因为它们身体表皮的颜色已经几乎和沙子融为一体了。比起鳎目鱼，同样属于比目鱼的鲽伪装技巧更为高明：它们能根据栖息环境的变化而改变自身的颜色，在遇到危险时，甚至会将自己完全埋入沙子中。

随季节变换毛色

正如我们冬天穿棉袄、夏天穿短袖一样，有些动物夏天也会换掉身上厚厚的毛，换上一层轻薄的"衣服"。这类动物还有一个典型特征，即它们的毛会随着季节的不同而改变颜色。

鼬科肉食类动物白鼬就是其中之一。它们的毛色在夏天时为褐色，而到了冬天就会变为白色，白色的皮毛有助于它们将自己隐藏在雪中不被天敌发现。每当冬季来临，气温下降，白鼬身上褐色的毛就会脱落，重新长出一层白色的毛。而到了春天，随着白日变长，白鼬身上的白毛又会变成褐色。自然界中与白鼬有着类似换毛本领的还有北极狐和雪兔。

知识拓展

鸟类中也有随季节变换的伪装高手，这就是雷鸟。冬季时，雷鸟的羽毛为白色，便于它们在雪地中伪装自己；而到了春天，雪开始融化，它们身上的羽毛又会蜕换为灰褐色，再次与周围的环境相融合。雷鸟主要分布在斯堪的纳维亚半岛、西伯利亚以及北美地区。此外，比利牛斯山及阿尔卑斯山海拔1800米以上的山林中也能见到它们的身影。

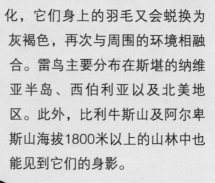

动 物 世 界 的 纪 录

我是数学王

下面的数学题有点难度哦，小朋友们试着挑战一下吧！

（一）按规律填数字。

1、2、3、3、2、1、4、5、6、6、5、□

1、2、4、7、11、□

4、6、10、16、26、□

（二）把2、3、13、18分别填入下面的□中，使等式成立。

□+□=□-□

（三）把1至9九个数字填入下面的□中，组成3道正确的算式，注意每个数字只能用一次。

□+□=□　□-□=□　□×□=□

改变身体的颜色

通过阅读前面的内容，我们已经了解到许多动物都会利用颜色来伪装自己：有些将自己与周围环境融为一体，有些则伴随季节的变化改变自己的毛色。而在这一节里你们将会看到另外一种动物——一种会变色的动物。

说到能变色的动物，相信大家一定首先想到变色龙。的确，在所有的爬行动物中，变色龙的变色本领是无可超越的。事实上，变色龙不仅能改变自己的肤色，还能改变自己的形态。成年雄性变色龙甚至通过变色来吸引雌性变色龙。而在遇到威胁时，它们的体色也会稍有改变。变色龙主要分布在非洲、马达加斯加岛以及亚洲大陆。

知识拓展

变色龙不仅可以变色，它们还有一双极为独特的眼睛，可以同时看向两个方向。这是因为它们的眼珠与普通动物不同，可以同时转向不同的方向。

蟹蛛是蜘蛛中的变色高手。它们颜色各异，有白色、黄色、淡粉色等，往往和它们栖息的花瓣同色，极易吸引昆虫靠近。而进入一个新环境之后，它们就会改变自己的体色，使其与新环境相适应。不过蟹蛛变色需要较长的时间，有时需要几个小时，甚至长达几天。

在遇到危险或情绪变化时，墨鱼也会瞬间改变自己的体色。除了变色外，墨鱼还有另外一项本领：在遇到危险时，它们会喷射出一股黑色的墨水阻挡敌人的视线，为自己争取逃脱的时间，这也是它们被称为墨鱼的原因。有些研究学家认为，墨鱼在喷出墨汁之后，敌人会将这股墨汁与墨鱼本身混淆，而墨鱼则趁对方被迷惑的短暂瞬间逃脱。此外，墨鱼并不是真的鱼，而是软体动物门头足纲乌贼目家族的一员，也是软体动物中变色能力最强的种类。

腕足迷宫

魔镜魔镜告诉我，谁是天下最美丽的动物？当然是美丽的章鱼皇后啦！糟糕的是，兴奋的章鱼皇后现在已经分不清哪个腕足拿的是哪面镜子了。小朋友们能帮帮帮它吗？

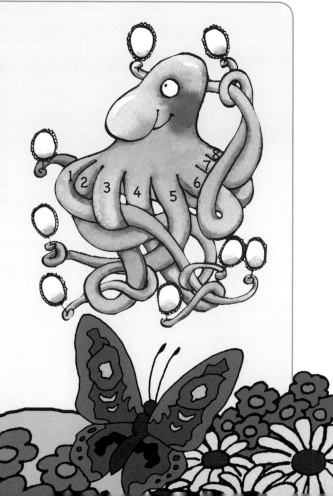

变得更强大

弱肉强食，下面要介绍的动物都明白这一道理，因为它们总是尽力让自己的外表看起来更强大，让自己不会成为敌人的攻击目标。

例如，天蚕蛾幼虫头部的前端长有两根长须和两个深色大斑点。如果不仔细看，会以为那是两只眼睛。这样的外表使它们看起来更具威胁性。如果这种伪装策略奏效，幼虫便能安全地长大，最终蜕变为天蚕蛾或桑蚕，而后者所吐的蚕丝正是丝绸的原料。可惜的是，目前世界上已经不存在野生的天蚕蛾了，我们现在所见的都是人工饲养的。

知识拓展

蝴蝶翅膀上的两只"眼睛"并不只是装饰，也是它们退避敌人的手段之一。在遇到敌人时，蝴蝶会猛地张开双翅，用翅膀上的"眼睛"吓退敌人。

知识拓展

蝴蝶的翅膀是不能触碰的，因为它们非常薄，而且十分敏感：蝴蝶翅膀的上下两个表面均覆盖着一层细细的尘状鳞片，这些鳞片如同屋顶的砖一样有序排列，只通过一根小小的管子与蝴蝶柔嫩的皮肤相连。如果我们用手去触碰蝴蝶的翅膀，这层尘状鳞片就会脱落，蝴蝶就不能飞翔了，只能等着饿死或被吃掉。

河豚及其同类刺鲀（cì tún）会通过改变身体的大小来使自己看上去更强大。在遇到危险时，它们会迅速吸入大量的水，使腹部膨胀，将自己变成一个灰不溜秋的大圆球。此外，河豚和刺鲀的皮肤表面都长着许多刺，在吸足水之后，皮肤上的刺就会竖立起来。看到这样的东西，相信任何动物都不会有咬下去的兴趣了。虽然身体膨胀之后行动不便，但河豚和刺鲀却用这种方式很好地保护了自己。刺鲀主要分布在热带和亚热带海洋的珊瑚礁中。

知识拓展

河豚被认为是世界上毒性最大的鱼。虽然有毒，它们的肉却美味无比。由于河豚的毒素主要存在于皮肤及几个器官中，所以一些人便冒着风险大胆品尝它们的肉。

火眼金星

下面3只河豚中只有一只与右上角的河豚完全相同，小朋友们能找出来吗？

小心有毒

一些动物会利用体内的毒作为攻击和防御的手段。在前面的部分中我们已经认识了几种有毒的动物，接下来我们会继续为大家介绍自然界中的有毒动物。

毒水母

海黄蜂是箱水母中的一种，它们不仅是水母中毒性最强的种类，也可以说是世界上已知的毒性最强的动物。一只海黄蜂含有的毒素能使60个人丧命。与其他水母一样，海黄蜂拥有十分漂亮的透明母体。母体上长着60多条带状触须，触须上密密麻麻地排列着几百万个囊状物。在进行攻击时，海黄蜂将这些囊状物刺入被攻击对象的体内，并释放毒汁。海黄蜂主要分布在太平洋中，喜欢生活在近海水域。澳大利亚的许多海滩都用网设置了专门的隔离区，防止水母进入海边浴场。为了防止被水母攻击，有些游客甚至穿上专门的防刺伤泳衣。

你知道吗？

只有极少数几种哺乳动物有毒。鸭嘴兽是唯一一种后足长有毒刺的哺乳动物。臭鼬在遇到危险时会喷射一股恶臭的毒液，这种毒液能让人暂时失明。此外，鼩鼱（qú jīng）的唾液能让人暂时麻痹。但这些动物的毒性都不足以令人丧命。

毒蜗牛

　　锥形蜗牛是一种非常危险的动物，能用毒液杀死猎物。它们是目前世界上毒性最强的蜗牛，其毒液甚至会威胁人类的生命。它们还是名副其实的"夜猫子"，习惯在夜间寻找猎物，找到猎物之后会用鱼叉一样的牙齿将毒液刺入猎物体内。而白天，它们一般将自己埋在泥土或沙堆中。世界上一共有大约500种锥形蜗牛，都分布在热带海洋中。

知识拓展

　　欧洲现有的蜗牛，无论是生活在咸水水域中的，还是淡水水域中的，都是无毒的。

叶子之谜

　　小蜗牛们都饿了，如果将图中的树叶平均分给它们，每只蜗牛能得到几片叶子呢？

毒鱼

石头鱼当属世界上毒性最强的一种鱼，主要分布在印度洋和太平洋海域。它们背鳍基部长有毒腺，能够射出毒液。这种毒液对人类来说也是致命的。石头鱼善于伪装，伪装后的外形酷似石头，能与周围环境完全融为一体，不易被察觉。石头鱼常利用这种伪装来迷惑猎物，趁其不备将其捕获。

毒章鱼

章鱼是软体动物门头足纲八腕目的一种动物。所有章鱼袭击猎物的方式都基本相同，例如在袭击虾蟹等甲壳类动物时，它们会突然伸出腕足以闪电般的速度将猎物缠到张开的口器旁，在猎物的甲壳上咬出一个洞，再将口水从洞口注入猎物体内。章鱼的口水中含有神经麻醉剂，能使猎物在几秒钟之内丧失抵抗能力。这时章鱼就可以安然享用美食了。

世界上毒性最强的章鱼是蓝环章鱼。它们因褐色皮肤上有蓝色圆环而得名。而事实上，只有在受到威胁时，它们的皮肤上才会出现蓝色圆环。蓝环章鱼口水中的毒液对人类来说是致命的，但蓝环章鱼性情温和，一般不会主动攻击人类。

毒青蛙

青蛙是一种两栖动物，在除南极洲以外的所有大陆上都有分布。世界上毒性最强的青蛙当属分布在哥伦比亚境内太平洋海岸附近的美洲箭毒蛙。印第安人常将其毒液涂在吹箭筒的箭上来杀死敌人，美洲箭毒蛙也由此得名。美洲箭毒蛙体长不足5厘米，所产的蝌蚪为黑色，身体两侧有两条彩条，在成年之后就会蜕变为黄色、绿色、橙色、蓝色等各种颜色。

青蛙之谜

下面图中一共有多少只青蛙呢？

毒蜥蜴

毒蜥蜴是除毒蛇以外唯一有毒的爬行类动物。世界上共有两种毒蜥蜴，分别分布在北美和墨西哥的沙漠中。毒蜥蜴体长最长可达70厘米，黑色的表皮上分布着橙色或红色的斑点。毒蜥蜴腿短尾粗，毒腺长在下颌深处。由于不能一次性喷出大量毒液，所以它们总是紧紧咬住猎物的伤口，不断向里面注入毒液。毒蜥蜴很少用毒液杀死猎物，而是主要用于防御。

有毒的动物

下面图中的动物哪些有毒？

A

B

C

D

E

动物世界的纪录

毒蜘蛛

自然界中只有极少数几种毒蜘蛛能够致人于死地，其中包括黑寡妇、澳大利亚漏斗网蜘蛛及巴西游走蛛。这3种蜘蛛可说是世界上毒性最强的蜘蛛，只需要0.006毫克毒液就足以杀死一只老鼠。它们遍布南美洲的各个地区。

漏斗网蜘蛛、巴西游走蛛及黑寡妇

在欧洲中部也分布着一些有毒的蜘蛛。但这些蜘蛛大多毒性不强，对人没有危害。

毒蝎子

在所有的蝎子中，生活在北非的黑肥尾蝎是最危险的品种。它们有一只巨大的毒囊，能储存大量毒液。虽然毒液的毒性不强，但它们喷出的毒液量足以致命。此外，这种体长不足16厘米的肥尾蝎性情十分凶猛，喜欢攻击人，喷射出的毒液能达到1米远。因此，在遇到这种蝎子时一定要提高警惕。

毒蛇

在捕到猎物之后，毒蛇会先将其毒死再享用。在所有的陆地毒蛇中，太攀蛇的毒性毫无疑问是世界第一。好在这种体长约3米、拥有褐色表皮的毒蛇性格较温顺，不会主动

你知道吗？

世界上迄今为止发现的最长的毒蛇牙只有5厘米。这颗毒牙出自一条加蓬蝰蛇。加蓬蝰蛇主要分布在非洲中部和西部，体重可达10千克，是世界上最重的毒蛇。

攻击人类。因此，世界范围内很少有人被太攀蛇咬伤。此外，针对太攀蛇的毒，科学家们已经研究出了有效的解药。

居住澳大利亚的人们可不能掉以轻心，因为在这里栖息着许多不同种类的毒蛇，例如虎蛇。在遇到蛇时，我们应当保持冷静，远远地从它们身边绕行。

知识拓展

贝尔彻海蛇的毒性与太攀蛇的毒性相当。贝尔彻海蛇生活在太平洋中，只有在产卵时才会游到岸边。这种剧毒的海蛇并不会对人类构成很大威胁，因为我们平时很难遇到它们。

眼力大考察

　　下面每个方框中都嵌入了6种不同字母，其中一种字母出现的频率要比其他字母高，请小朋友们找出这个与众不同的家伙。如果将找出来的5个字母按顺序排列，就能得到眼镜蛇的英文单词了。小朋友们试一下吧！

1

S	H	I	F	C
L	S	C	I	F
S	F	L	I	L
C	I	S	C	H
H	L	C	H	F

2

D	B	P	O	T
E	T	E	O	P
B	E	D	B	D
E	O	P	O	T
D	P	T	B	O

3

X	A	X	G	U
U	B	B	A	V
V	G	B	V	B
G	A	U	G	X
X	U	V	B	A

4

Q	C	A	Z	N
Z	N	R	Q	C
R	A	Z	N	R
A	R	C	R	Z
Q	N	A	Q	C

答案：..................................

5

F	T	W	T	M
M	A	O	F	A
A	F	T	W	O
W	M	O	F	A
A	T	W	O	M

动物世界的纪录

巢穴

狐狸会搭窝，鸟儿会筑巢，而蜘蛛会织网。在接下来的这一部分中，我们将带领大家去看看世界上各种巧夺天工的巢穴。

最大的蜘蛛网

人面蜘蛛广泛分布于热带的各个地区。这种体型很小的蜘蛛却能织出直径达到两米的网，而它们用来织网的丝甚至能长达6米。这毫无疑问是世界上最大的蜘蛛网！人面蜘蛛有时也被称作蚕蛛，因为它们用来织网的蜘蛛丝虽然很细，却非常坚韧。人面蜘蛛吐丝的口器位于身体的后腹部，雌性人面蜘蛛共有6种不同的丝腺。一般来说，不足两个小时人面蜘蛛就可以织出一张新网。

我是推理王

请小朋友们根据以下条件，推出每栋房屋的主人：

◆ 空姐蒂娜住在最外侧；

◆ 健身教练奥利的房屋最高；

◆ 火车司机史蒂芬住在一栋红房屋中；

◆ 漂亮的安娜喜欢花；

◆ 威利的屋顶不是蓝色的，
   而且他只有一个邻居。

最大的群居团体

蚂蚁是一种群居昆虫，是所有动物中建造能力最强的"建筑专家"。蚁巢最高可达6米，里面甚至还有完整的通风系统。由于蚂蚁个头很小，只有2到20毫米，所以一个蚁巢中往往能居住很多成员，最多能达到1000万只。这毫无疑问是世界上最大的群居团体。

蚂蚁主要分布在气候温暖的地区，其中尤以非洲和南美的热带丛林中数量最多。

动 物 世 界 的 纪 录

大家来找茬

下面两幅图共有8处不同，小朋友们能找出来吗？

建筑大师

若说起哺乳动物中的建筑大师，海狸是当之无愧的第一名。海狸主要栖息于河岸或湖边。筑巢时，海狸会用它们可再生的锋利牙齿将树皮从树上啃下来，并不断啃咬树干，直至树干倒下为止。海狸将倒下的树干分成许多小段用以筑巢。海狸巢穴的入口位于水下，直径可达1米多。此外，海狸还会用树枝和泥巴在巢穴边上筑起一道堤坝，以防止天敌侵扰。

加拿大境内的一个海狸巢

海狸主要栖息在欧洲和北美地区，其身体构造使它们能很好地适应水下生活：它们的毛皮很厚，能防寒；身体里有一种能分泌油脂的腺体，它们会定期将分泌出的油脂涂在毛皮上，以防水渗入皮肤；它们的脚上有蹼；它们在水下还能将耳朵和鼻子闭合；在水下游行时，它们的尾巴相当于舵，可以掌控方向。

动物世界的纪录

大家来找茬

下面两幅图共有8处不同，小朋友们能找出来吗？

翻土工

　　鼹鼠毫无疑问是世界上最会挖土的动物，它们能在一天之内挖出一条长达20米的地道。它们用铲子一样灵敏有力的前肢将挖出的泥土甩到地上，形成一个个小土堆。鼹鼠的拉丁语名——Mull也正来源于善于挖土的习性，Mull就是掘土的意思。雌性鼹鼠还会在地下挖一个个"小房间"，"房间"的入口与其他多条地道相连，它们会在"房间"中休息、进食或养育幼鼠。

地下迷宫

　　鼹鼠先生马克思有访客啦！哪个入口能通向马克思的家呢？

鼹鼠是独居动物，不喜欢与同类同行，主要分布在欧洲、亚洲和北美地区。它们长期处于黑暗中，眼睛严重退化，几乎处于全盲状态，同时也没有昼夜交替的生物钟。生活在欧洲的鼹鼠上午、下午及午夜各有5个小时是清醒的，其余时间里都在睡觉。

鼹鼠大部分时间都在它们亲手挖掘的地下迷宫中来回穿梭。它们主要以蠕虫和昆虫为食。饱餐之后，它们会将剩余猎物的头咬掉，这样既可以保证猎物不会立刻死去，又能防止它们逃脱。尤其在觅食较为困难的冬季，这种储存食物的办法显得更为实用。鼹鼠不会冬眠，即使是在寒冷的冬日，它们也会外出觅食。鼹鼠每天大约能吃掉自身体重一半重量的食物。

知识拓展

在北美生活着一种星鼻鼹鼠。它们的鼻子周围分布着22个触手，排列成星状。凭借这些触手，星鼻鼹鼠能够迅速发现猎物，并在短时间内捕获并吃掉猎物，这也使它们成为哺乳动物界最快的进食者。

另类的生活方式

　　有些动物的生活模式堪称另类，例如有些鱼在某些时候就不愿意呆在水中，而非要跑到陆地上。生活在热带海岸或红树林中的弹涂鱼就是一个典型的例子。在觅食时，弹涂鱼会用头拱开前面的淤泥层，并利用粗大的胸鳍在地面上行走，还会借助强劲有力的尾巴让自己从地面上弹跳起来。

　　栖息在亚洲南部的攀鲈是世界上唯一一种会爬树的鱼。凭借有力的胸鳍以及经过进化的鳃盖，

位于非洲的红树林

攀鲈可以从容不迫地在陆地上停留很长时间。攀鲈的鳃与普通鱼鳃不同，可以从空气中吸收氧气，所以它们能够很好地适应陆地生活。

　　水蜘蛛生活在湖泊或其他水流缓慢的水域中，是蜘蛛里的"叛逆者"，因为它们是唯一一种生活在水里的蜘蛛。为了保证在水下仍然能够呼吸，水蜘蛛会在水下编织一张钟罩形的网，并在里面填满空气。每次从水面上换气回来，水蜘蛛全身的绒毛上都会带满气泡，它们会将这些气泡里的空气储存到网中。大部分时候，水蜘蛛都呆在空气罩里，只有在追捕猎物时才会出来。捕到猎物之后，它们就会重新回到空气罩中慢慢享用。

动物世界的纪录

隐藏的动物名称

下面的5句话中隐藏着5种动物的名字，小朋友们开动脑筋，把它们都找出来吧！

1. 路边摆摊的老奶奶做了一双漂亮的虎头鞋，赢得了大家的声声赞美。

2. 阳光透过树枝洒在马路上，撒下了一片斑斑点点。

3. 一个长着络腮胡的大块头不小心碰了树上的蜂窝，这下他可遭了殃。

4. 小美和家人一起到海边度假，这会儿她正懒洋洋地躺在椅子上，手里拿了一本《阿狸的下一站》，有一搭没一搭地翻着。

5. 参观完了巴黎圣母院，我都要渴死了，迫不及待地拧开了一瓶矿泉水，咕咚咕咚三两口就喝了个精光。

育婴篇

不同动物妊娠、生产、育幼的方式也千奇百怪。在接下来的部分中，小朋友们将会对这些内容有所了解。

妊娠期

一般来说，人类的孕期在9到10个月之间。相比之下，大象从怀孕到产子所需的时间要长得多——母象一般需要20到22个月才能产下小象。大象也因此创下了陆生哺乳动物最长妊娠期的世界纪录！顺便一提，我们常用妊娠期来表示动物从受孕到产子的全过程。

哺乳动物中妊娠期最短的是金仓鼠，它们从受孕到产幼鼠只需要16到18天。金仓鼠一次能产下2到5只幼鼠，每年能受孕8次。也就是说，一只成年母仓鼠一年最多能产下40只幼鼠！

知识拓展

母象的子宫口很低，这样就可以防止刚出生的幼象摔到地上。而长颈鹿就没那么"体贴"了，它们的幼崽在出生时会从两米高的地方直接重重摔到地上。

动物世界的纪录

大家来找茬

下面两幅图共有8处不同，小朋友们能找出来吗？

产卵最多的鱼

翻车鱼可以算得上是海洋中最会生产的鱼了。一条雌鱼一次最多可产3亿枚卵！从卵中孵化出来的幼鱼长约3毫米，全身长有5根长刺来保护自己不受敌害袭击。随着幼鱼慢慢长大，它们体表的刺会渐渐脱落，而留在幼鱼体内的刺则会变为骨骼。翻车鱼是世界上最重的硬骨鱼，体重可达2吨，体长可达4米，主要分布在温带及热带水域。

会产卵的哺乳动物

自然界中一共有5种产卵的哺乳动物，鸭嘴兽就是其中的一种。鸭嘴兽主要分布在澳大利亚东部，喜欢在湖泊或河流岸边穴居，以水生动物为食。雌性鸭嘴兽在产卵之后需要用10天的时间孵化幼崽。破壳而出的小鸭嘴兽需要母乳喂养，所以鸭嘴兽属于哺乳类动物。

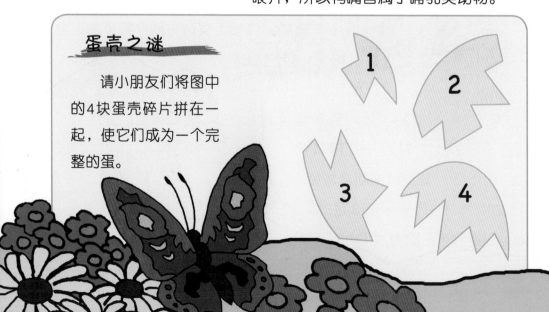

蛋壳之谜

请小朋友们将图中的4块蛋壳碎片拼在一起，使它们成为一个完整的蛋。

1
2
3
4

泡沫巢穴

美洲树蛙在交配时，雌性树蛙会先排出一种液体，雄性树蛙则会将这种液体搅成泡沫状。之后雌性树蛙便将卵产在泡沫里，而雄性树蛙排出精液，使卵受精。在蝌蚪孵化的过程中，这些泡沫的表面会变硬，以更好地保护卵，而里面则保持湿润，以防止卵干裂。

知识拓展

负子蟾主要分布在南美流动缓慢的混浊水域中，体长约20厘米。它们的孵卵方式可谓与众不同。成年雌雄负子蟾在水中交配，之后，雄蟾会将受精后的卵抱置于雌蟾背上。卵周围会生长出一层蜂房形状的囊，将卵包住。大约11到12个星期之后，囊内的卵就会孵化为幼蟾。

树蛙一般将这些泡沫巢穴建在水面上方的树枝上。小蝌蚪从卵里孵出来之后会自己从泡沫中挖出一条通道，然后直接掉入水中。树蛙是世界上唯一一种会给自己的孩子建造泡沫巢穴的动物。

助产蟾

曾经，许多人误认为助产蟾之所以会得名，是由于雄蟾会在雌蟾生产的时候帮助它们。而事实上，助产蟾采取的是一种与此完全不同的繁殖方法：卵受精后，雄蟾会将卵卷于后肢上，并且一直带着它们一起生活，直到孵化前才将卵放回水中。助产蟾长约3到5厘米，主要分布在欧洲西部。

为人父的喜悦

在对下一代的哺育中，海马爸爸可以说是劳苦功高。在交配期，雌性海马会将卵产在雄性海马腹前的育儿囊中，之后便由雄性海马负责孵卵。在2到6个星期之后，海马宝宝就从卵中孵化而出，海马爸爸则紧紧抓住一根海藻，将育儿囊中的海马宝宝倾倒出来，让它们自力更生。海马并不是自然界中唯一一种由父亲孵化下一代的动物，不过仍然十分罕见，也可以算得上是一项世界纪录了。

知识拓展

企鹅也是一种典型的由父亲承担哺育义务的动物。大多数的雄性企鹅和雌性企鹅共同负责幼企鹅的哺育和照料工作，唯有在帝企鹅家族中，幼企鹅的孵化完全由雄性企鹅负责。雌性企鹅在产下卵之后就进入海洋寻找食物，直到幼企鹅孵化出来之后才返回。而在这段时间里，雄性企鹅会将卵放在两脚的蹼上并用肚皮盖住，以起保护和保暖作用。由于帝企鹅生活在北极，气候非常寒冷，因此在孵卵时，雄性企鹅们会紧紧倚靠在一起相互取暖。在幼企鹅孵化出来之后，雌性企鹅会回到自己孩子身边，为它们带来出生之后的第一口食物——鱼，而这时雄性企鹅则开始启程寻找食物。父母的角色此时才再度换了回来。

神奇浩瀚的动物世界

　　下面描述的都是哪些动物呢？小朋友们知道答案吗？此外，请小朋友们从右下角的方框中选择正确的数字填到横线上吧！

1. 它是世界上奔跑速度最快的动物，速度每小时可达到_____，它是_____。

2. 它拥有世界上最长的牙，它的牙长达_____，它是_____。

3. 它的体长可达_____，体重可达_____，是世界上最长、最重的动物，它是_____。

4. 它拥有世界上最长的舌头，它的舌头长达_____，它是_____。

5. 它拥有世界上最长的脖子，它的脖子长达_____，它是_____。

6. 它是一种日本家鸡，它的尾羽长度世界第一，能达到_____，它是_____。

7. 这种动物的蛋是世界上最大最重的蛋，长约_____，重约_____，这种动物是_____。

190000千克
15厘米
0.6米　3.66米
2.5米
35米　1.5千克　2米
10.5米　100千米

动物世界的纪录

口中孵化

许多丽鱼科的鱼孵育幼鱼的方式非常特别：它们用口来孵化受精卵。幼鱼在孵化出来之后仍然会时不时藏回母亲口中，尤其在遇到敌害时。世界上有许多不同种类的丽鱼，有些身长只有3厘米，有些却长达1米。丽鱼主要分布在非洲和美洲的淡水水域中。

沙中藏卵

鳄鸟是世界上唯一一种会将卵藏于沙中、并用沙石加以覆盖的鸟。当成年的鳄鸟离开鸟巢寻觅食物时，为了保护卵不受侵害，它们会将卵埋在沙子里。即使在雏鸟孵化出来之后，遇到危险，成鸟仍然会将雏鸟埋入沙中。这也是为什么生活在非洲的鳄鸟总是将头探入雏鸟的口中帮它们清理沙尘的原因了。通过清理，雏鸟能保护牙齿以咀嚼食物。在许多研究学家看来，这是一种非常神奇的哺育方式。

"鸠占鹊巢"的布谷鸟

布谷鸟可不是什么温柔体贴的父母。雌性布谷鸟会将卵产在其他鸟的巢穴中，让它们帮自己孵育。为了不被寄主发现，布谷鸟常将自己产的蛋伪装得和寄主产的蛋非常相似。除了有时在大小方面有些微小差异外，从外表上很难分辨。由于布谷鸟会将自己的蛋产在其他鸟的巢穴中，它们也因此而创造了一项世界纪录——世界上"产蛋种类"最多的鸟。

布谷鸟并不是自然界中唯一会将自己的蛋产在其他鸟巢中的鸟，却是最典型、最为大众所知的。其他比较知名的、会用同种方法哺育后代的动物还有黑头鸭、杜鹃蜂等等。

知识拓展

在德语文化中，当人们谴责某些父母冷酷无情、没有好好照料孩子时往往会说他们"简直就是乌鸦的父母"，这种说法其实毫无道理。在现实中，乌鸦是非常温柔的父母，它们会一生陪伴在自己孩子的身边细心照料它们，甚至会为了它们牺牲自己。在幼鸟孵化出来后的前两周，雌乌鸦会一直守候在柔弱的幼鸟身边温暖它们，而雄乌鸦则负责外出觅食。在雄乌鸦将食物带回来之后，雌乌鸦会先将幼鸟喂饱之后再进食。直到幼鸟长到足够茁壮可以自己外出去觅食，乌鸦妈妈才会停止喂食。

晚安

　　小朋友们，你们有没有想过，如果能一边睡觉，一边写作业该多好！对很多动物来说，这并不是不可能的，它们在睡梦中也能创造多种世界纪录。接下来，我们为大家一一呈现这些神奇的纪录。

　　任何动物都需要休息。候鸟在迁徙的过程中有时会长时间在海上飞行，找不到可以栖息的地方，这时，它们往往会一边睡觉，一边飞行。不仅仅在飞行的过程中，许多鸟在它们的栖息地也采用同样的方式睡觉。它们在400到3600米的高空中睡觉，只偶尔扇动翅膀。研究学家猜测，它们是在让自己的左右脑交替休息。

　　海豚也能够一边游泳，一边睡觉。在此过程中，它们会始终保持一侧大脑的清醒，以控制呼吸并在需要的时候浮到水面上换气。

你知道吗？

　　雨燕是一种候鸟。夏季它们主要生活在欧亚大陆，而到了冬季，就会飞往非洲南部过冬。几乎所有的事情它们都是在飞行过程中完成的，能安然地在空中飞行3年而中途不落脚栖息。

动物世界的纪录

沉睡时间最长的动物

世界上沉睡时间最长的纪录是在2007年由一只粗卷尾袋貂所创下的：它在保持健康的状态下沉睡了367天。虽然这是科学家们在实验室里所做的一个实验，但粗卷尾袋貂确实是目前所知的世界上唯——种能够连续沉睡一年以上的动物。在寒冷的冬季，粗卷尾袋貂靠着粗大的尾巴上储存的脂肪过冬，因此而得名。成年粗卷尾袋貂的体长只有7到11厘米。虽然不需要冬眠，但这种小动物白天总会找个隐蔽的地方睡觉，到了夜晚才外出觅食。粗卷尾袋貂是杂食动物，植物的果实、各类坚果以及昆虫等都是它们喜爱的食物。

知识拓展

很长时间以来许多人都认为鸟类也会冬眠。直到后来人们才知道，候鸟会在冬季来临之前飞往南方过冬。但也有些鸟在冬季会进入一种类似冬眠的状态。例如，当食物太少或天气太冷时，蜂鸟就会进入呆滞昏睡的状态。这样，它们能够减少热量的消耗，从而熬过难捱的冬日。

冬眠

在一年中最寒冷的季节里，许多动物会钻到自己的巢穴里舒舒服服地睡大觉，直到寒冬过去、春日到来。动物们冬眠的原因是由于冬天不好觅食，它们需要通过睡觉来减少热量消耗。一般在冬眠前，动物们都会吃下大量食物，储存足够的脂肪和热量。冬眠时，它们的

呼吸会变轻，心跳会变缓，身体的温度也会下降。有些动物在冬眠的过程中会不时醒来，例如蝙蝠，而有些动物则会一直沉睡整个冬季，刺猬就是其中典型的代表。除了睡眠"质量"外，各种动物冬眠期的长短也有所不同。刺猬的冬眠期一般为3到4个月。欧洲境内冬眠期最久的是睡鼠，它们会躲在地洞或树洞里从头年的9月底一直睡到第二年的5月初。而世界范围内最长的冬眠期纪录则是由阿拉斯加和加拿大境内的欧黄鼠所创下的：它们的冬眠期可以持续整整9个月！

坚果之谜

小老鼠在3个洞穴中一共藏了26枚坚果。已知第一个洞穴中藏了8枚坚果，第二个洞穴中的坚果数是第三个洞穴中的两倍。那么第二个洞穴和第三个洞穴里各藏了多少枚坚果呢？

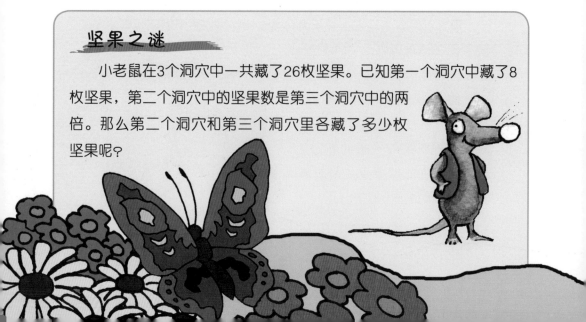

知识拓展

　　在寒冷的冬季，棕熊也会躲进自己的洞穴中。不过它们不会进行真正意义上的冬眠，因为它们无法像冬眠动物一样将自己的体温降到很低。但是它们也会在这段时间里睡觉，人们称之为冬休。棕熊能连续7个月处于浅睡状态。在这段时间里，它们不需要进食，也不需要排泄。与棕熊类似，松鼠也会冬休。只是它们会时常醒来，而且还会经常变换睡眠姿势。

动物世界的纪录

自测考场

小朋友们，你们掌握书中的知识了吗？不妨来自我检测一下吧！

1. 下面哪个动物是世界上最大的动物？
   - [ ] 蓝鲸
   - [ ] 大象
   - [ ] 长颈鹿

2. 跳蚤是哪项世界纪录的创造者？
   - [ ] 跳得最高
   - [ ] 跳得最远
   - [ ] 两者都是

3. 树袋熊主要以什么为食？
   - [ ] 桉树叶
   - [ ] 竹子
   - [ ] 各种蠕虫和昆虫

4. 下列动物中哪种动物的妊娠期最长？
   - [ ] 河马
   - [ ] 大象
   - [ ] 狮子

5. 下面哪种动物是世界上跑得最快的动物？
   - [ ] 猎豹
   - [ ] 普通豹
   - [ ] 老虎

答案

第3页：

第7页： 没有一条蛇咬的是自己的尾巴

第8页： 乌龟，其他动物都是哺乳动物，只有乌龟不是

第11页： 1–D，2–A，3–C，4–E，B是多出来的

第12页： 虫爸爸长12厘米，虫宝宝长4厘米

第15页： 中间混杂了一架喷气式飞机，紫色身体、黄色嘴巴的两只鸟完全相同

第16页： 站在最右侧的是阿达姆

第18页： 5号和13号是完全相同

第20页：

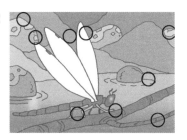

第23页： dolphin–5，seaweed–7，jellyfish–4，coral–8，seahorse–2，starfish–3，crab–6，shell–1

第25页： B   **第26页：** C

第29页：

3	1	4	2	5	6
5	6	2	3	1	4
6	2	3	5	4	1
1	4	5	6	3	2
2	3	1	4	6	5
4	5	6	1	2	3

4	3	1	2	6	5
5	2	6	4	1	3
1	5	2	6	3	4
6	4	3	1	5	2
3	6	4	5	2	1
2	1	5	3	4	6

第33页： 7–elephant（大象），5–snow leopard（雪豹），2–killer whale（虎鲸），3–seahorse（海马），6–giraffe（长颈鹿），1–ostrich（鸵鸟），4–crocodile（鳄鱼）

第34页： 1和7、2和5、4和6相同，3与其他都不相同

第36—37页：

第38—39页： E 3×3=9，A 17–5=12，L 39÷3=13，G 150÷10=15，E 9×2=18；
EAGLE（老鹰）

第42页： 1–B，2–A，3–C

第47页： ant（蚂蚁），owl（猫头鹰），butterfly（蝴蝶），spider

动物世界的纪录

(蜘蛛)，snake（蛇），dog（狗），seal（海豹），dragonfly（蜻蜓）

第49页： CLEANING

第55页：

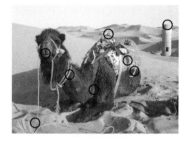

第56—57页： 狮子，因为其他动物都是食草动物

第59页： 狗

第60页： HUNTER

第63页： 从上至下分别是狮子、深海鮟鱇、老虎、蜘蛛、电鳗、螳螂虾、锯鳐、射水鱼

第64—65页： 共有9只兀鹫

第66页： 斑马

第67页： 从左至右分别是奥蒂、奥利、莱奥、乌拉

第68页： 6天

第70—71页：

第73页： （一）4，16，42（二）3+13=18－2（三）4+5=9，8－7=1，2×3=6

第75页：

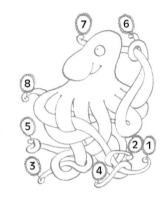

第77页： 2号

第79页： 每只蜗牛能获得3片叶子，多出来的一片叶子它们可以分着吃

第81页： 15只

第82页： A（蝎子）、B（眼镜蛇）、C（毒蜘蛛）

第85页： COBRA

第86页： 从左至右分别是蒂娜、安娜、奥利、史蒂芬、威利

第88—89页：

第91页:

第92页：C

第95页：老虎，斑马，胡蜂，海狸，水母

第97页：

第98页：

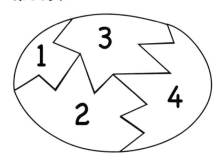

第101页：1–100千米，猎豹；2–2.5米，大象；3–35米，190000千克，蓝鲸；4–0.6米，食蚁兽；5–2米，长颈鹿；6–10.5米，长尾鸡；7–15厘米，1.5千克，鸵鸟

第106页：第二个洞穴中有12个坚果，第三个洞穴中有6个坚果

第108页：1–蓝鲸，2–两者都是3–桉树叶，4–大象，5–猎豹

图片来源

感谢Marcin Bruchnalski、Wolfgang Deike、Antina Deike-Muenstermann、Deike Press、Carla Felgentreff、Traian Gligor、Dieter Hermenau、Stefan Hollich、Britta van Hoorn、Peter Menne、Kerstin Migendt、Susanne von Poblotzki、Manfred Tophoven、Tanja Romer、Peter Strobel、Dieter Stadler、Claudia Zimmer为本书提供图片。

北京市版权局著作合同登记 图字 01-2011-5046号

图书在版编目（CIP）数据

动物世界的纪录 /（德）费尔根特莱夫编著；
王尚方译.—北京：中国铁道出版社，2013.12
（聪明孩子提前学）
ISBN 978-7-113-17581-8

Ⅰ.①动… Ⅱ.①费…②王… Ⅲ.①动物—少儿读物 Ⅳ.①Q95-49

中国版本图书馆CIP数据核字（2013）第256686号

Published in its Original Edition with the title

Rekorde der Tierwelt: Clevere Kids. Lernen und Wissen für Kinder

by Schwager und Steinlein Verlagsgesellschaft mbH

Copyright © Schwager und steinlein Verlagsgesellschaft mbH

This edition arranged by Himmer Winco

© for the Chinese edition: China Railway Publishing House

Himmer **Winco**

书　　名：聪明孩子提前学：动物世界的纪录
作　　者：［德］卡拉·费尔根特莱夫 编著
译　　者：王尚方

策　　划：孟　萧
责任编辑：尹　倩　　　　编辑部电话：010-51873697
封面设计：蓝伽国际
责任印制：郭向伟

出版发行：中国铁道出版社（100054，北京市西城区右安门西街8号）
网　　址：http://www.tdpress.com
印　　刷：北京铭成印刷有限公司
版　　次：2013年12月第1版　　2013年12月第1次印刷
开　　本：700mm×1000mm　　1/16　　印张：7　　字数：120千
书　　号：ISBN 978-7-113-17581-8
定　　价：78.00元（共4册）

聪明孩子提前学

神奇的身体

[德]卡拉·费尔根特莱夫 编著

贾小屿 译

无敌百科+知识拓展+趣味游戏

中国铁道出版社

CHINA RAILWAY PUBLISHING HOUSE

致小读者

我们在一生中会对自己的身体有所了解，也已经学习了许多关于身体的知识。我们知道饥肠辘辘是什么感觉，人有三急又是什么感觉；我们知道被刀子划伤会流血；跑步时，我们的大脑会给腿部发出命令；我们会用手去接球；我们会说话，能够明白他人的意思，虽然有时候我们根本就不想听，比如妈妈叫我们整理房间时。许多事情都是身体的自动行为，我们根本就不需要过多思考，比如呼吸。

小朋友们问过自己这些都是如何实现的吗？当我们感到饥饿时，肚子里会发生些什么？我们的腿是怎么移动的？我们在听声音时，耳朵里会发生些什么？以上问题以及更多问题的答案你们都能在本书中找到！

让我们开始一次发现身体秘密的"旅行"吧！祝大家"旅行"愉快！

身体部位

我们对那些可以看见的身体部位并不陌生。每天我们照镜子时，都可以看见它们。最上面是头，头上有眼睛、鼻子、嘴巴和耳朵。头下面是脖子，它将头和身体的其他部位连在一起。脖子下面是胸部，再下面是肚子。这两个身体部位我们称为躯干。

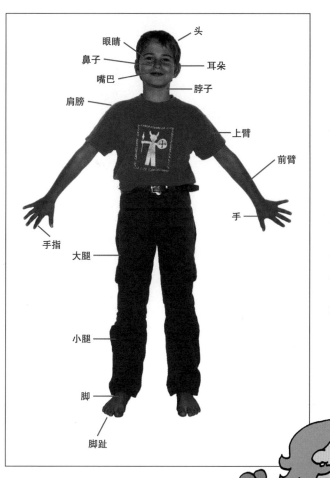

眼睛　头

鼻子

嘴巴　耳朵

肩膀　脖子

上臂

前臂

手

手指

大腿

小腿

脚

脚趾

我们的胳膊是通过肩膀和躯干连在一起的。胳膊由上臂、前臂和手组成。手又有五个手指，可以用来抓东西。

而腿则是由大腿、小腿，当然还有脚组成的。每个脚上有五个脚趾。我们将胳膊和腿称为四肢。

器官一览

　　我们的身体都有哪些器官呢？它们又都有什么作用呢？"器官"一词来自希腊语，是"工具"的意思。我们的身体器官帮助身体工作，是名副其实的工具。

　　我们的感觉器官大部分都集中在头上，包括眼睛、鼻子、耳朵和舌头，除此之外还有大脑。通过它们我们可以感知事物。

　　脖子里面是食道。它将食物从我们的嘴中送到胃里。食道的旁边就是气管，是用来呼吸新鲜空气和排放废气的。

　　胸腔里面工作的器官是心脏和肺。横膈膜分开了胸腔和腹腔。

　　我们的消化系统都集中在腹腔中，比如胃和肠子。生殖器官则位于腹腔下部。

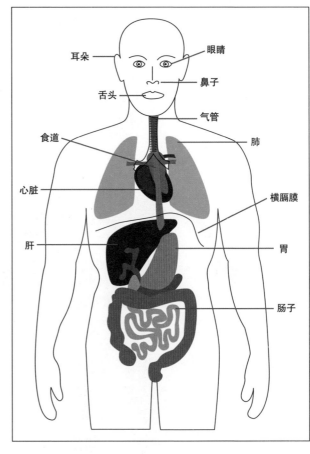

耳朵　眼睛
鼻子
舌头
气管
食道　肺
心脏　横膈膜
肝　胃
肠子

神奇的 身体

英文小课堂

小朋友们知道图片中身体部位和物品对应的英文单词吗？请将标号写在对应单词的后面。

nose

hair

knee

heart

mouse

lung

brain

arm

foot

calf

eye

comb

stomach

hip

collar

ear

forehead

chin

button

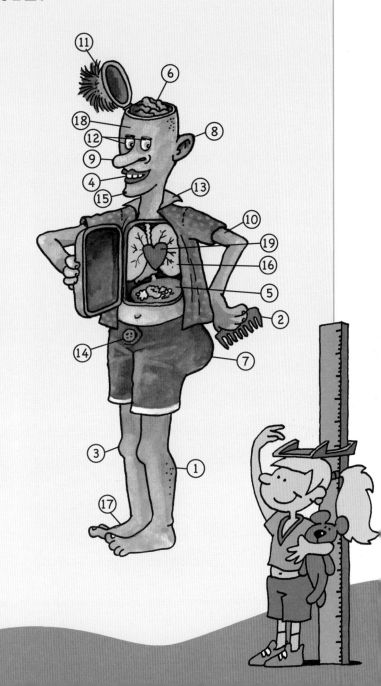

身体系统

在我们的身体中，身体器官为了完成共同的任务，分为不同的系统，相互合作。这些器官系统如下：由骨头、关节和肌肉组成的运动及支撑系统，

你知道吗？

我们的皮肤和皮肤上的毛发以及指甲也构成了一个独特的器官系统。它就好比身体的"保护层"，保护我们不受外界伤害（见第60页）。

心脏及循环系统，呼吸系统，由胃、肠和脾组成、负责食物消化的消化系统，控制我们身体的神经系统，负责向身体各个器官传递信息的内分泌系统，有"身体警察"美名、负责我们的身体远离疾病侵扰的免疫系统和负责延续生命的生殖系统。

所有部分就像一支足球队一样精诚合作，每一个部分都必须完成规定的任务。

神奇的 身体

大家来找茬

下面两幅图共有10处不同，小朋友们能找出来吗？

骨骼

我们可以移动身体，这需要骨头、关节和肌肉共同协作完成，我们将它们称为运动及支撑系统。这些能够运动的身体部位我们称为四肢。

小朋友们一定搭过积木。现在我们想象一下，如果积木不是木头，而是柔软的材质，那么还能搭建起来吗？我们身体也是一样。如果没有坚硬的骨头，那么我们的身体就会像布丁一样摇摇晃晃，所以我们需要骨头来支撑整个身体。成年人身体中一共有200多块骨头！所有的骨头我们统称为骨骼。我们背部的脊椎骨特别重要。有了脊椎骨我们才能坐立自如。

骨骼

- 颅骨
- 下颌骨
- 颈椎骨
- 锁骨
- 胸骨
- 肋骨
- 脊椎骨
- 肱骨
- 肋骨末端
- 桡骨
- 尺骨
- 手腕骨
- 手骨
- 尾骨
- 股骨
- 膑骨（膝盖骨）
- 盆骨
- 胫骨
- 腓骨
- 足腕骨
- 足骨
- 脚趾骨

你知道吗？

乐师骨（俗称麻筋）并不是真正的骨头，而是位于肘部皮肤表层下面的一根神经。如果受到撞击，前臂就会出现一阵痒痒的、麻麻的疼痛感。

保护层

骨头的第二个任务就是保护内脏器官：肋骨就像护甲一样保护着心脏和肺，因为这两个器官在体内发挥着重大作用；坚硬的颅骨负责保证头部受到撞击时大脑不出意外。骨头的重要组成部分是钙，此外，骨头中还含有供应养料的血管和神经。

英文小课堂

小朋友们能将下列英文单词和对应的中文连起来吗？

bone   身体
hand   手指
tooth   骨头
finger   牙齿
body   手

手骨和脚骨

骨头的厚度不同。我们摸一下手指，就会发现手指骨很薄。然后我们再来摸一下小臂骨，是不是厚很多呢？原因是不同身体部位骨头的职责也是不同的。我们的手指在工作时强调的是精准灵活，比如拿筷子或取小东西。如果手指骨较为粗大，又怎么能做到这一点呢？另外手部也非常灵活，所以我们的每一只手上有54块骨头。手部的骨头由腕骨、掌骨和手指骨组成。

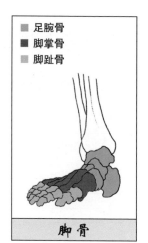

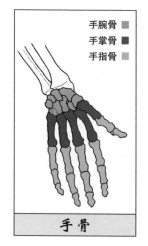

手腕骨
手掌骨
手指骨

手骨

腕骨位于手腕关节处，与腕骨紧紧相接的是掌骨，掌骨我们可以在手上摸出来。当我们活动手指时，会发现手指骨由三部分组成。手指骨真的是三部分吗？我们来仔细看一下：对啦，大拇指只有两根骨头构成，位于手掌的下部，这样可以更好的拿取东西。如果拇指直接与其他指头相连，那么对我们来说恐怕连拿本书都非常困难了。

足部骨头的结构与手非常相似。但是我们不必用脚来拿东西，所以脚的大拇指就紧紧挨着其他脚趾。

足腕骨
脚掌骨
脚趾骨

脚骨

婴儿的骨头

婴儿在出生时有300多块骨头。而随着年龄的增长，这一数字就变成了200多，这是因为有些骨头会慢慢地长在一起。比如，我们出生时，颅骨是由好几块柔软的骨头组成的，这样颅骨可以移动，便于婴儿从母体中出来。

知识拓展

当我们长时间保持一个姿式不动时，就会感觉腿上或脚面上好像有蚂蚁在爬来爬去。因为腿部或足部姿势不当会引起神经受压迫，从而导致出现这种酥痒的感觉。这种酥痒的感觉是一个警示信号：我们必须活动一下腿，否则血液就不能顺畅流通。

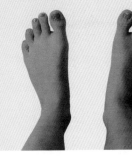

手掌大搜寻

图中一共有几只手掌呢？

关节

如果全身的骨头是僵硬地连接在一起的，那么我们就无法活动了，因为骨头是不能弯曲的，它们非常坚硬，所以关节对我们而言就必不可少了。它们将不同的骨头连接在一起。骨头都有自己特定的形状，正好与另外一根骨头的末端相契合，然后就可以移动自如了。骨头之间的连接点就是关节。骨头通过韧带被关节连在一起，所以不容易相互脱落。

关节类型

一些关节的运动量较大，而另外一些则较少，而有些几乎就没有运动。

肩关节属于球头关节，因为它的关节头和关节窝是相互契合的，这样我们的胳膊就可以向所有方向旋转。

我们的拇指可以向两个方向移动，因为拇指关节属于鞍形关节，之所以会得此名称，是因为关节头和关节窝呈马鞍的形状，相互紧扣。

膝盖或肘关节只能弯曲或伸直，我们把这种关节称为屈成关节，因为它们就像门一样，只能向一个方向移动。

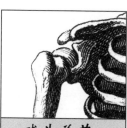

球头关节：
肩关节

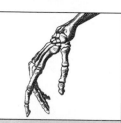

鞍形关节：
拇指关节

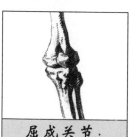

屈成关节：
膝关节

神奇的 身体

我们的后背可以保持直立或弯曲状态，这是因为脊椎骨的作用。我们把脊椎关节称为滑动关节，因为骨头的末端只能移动稍许。在头部我们有颌关节，它也会移动。我们每天都会活动颌关节，比如吃东西、喝水、打哈欠或说话时。

滑动关节：
脊椎关节

眼力大考察

下面每个方框中都嵌入了6种不同字母，其中一种字母出现的频率要比其他字母高，请小朋友们找出这个与众不同的家伙。如果我们将找出的5个字母正确排列，就能得到一个身体部位的英文单词。小朋友们试一下吧！

1

L	A	N	X	M
M	X	M	C	A
A	C	L	N	L
C	A	X	M	N
N	M	C	L	X

2

F	L	L	T	U
T	F	U	R	L
K	T	L	K	T
R	U	U	F	R
K	R	T	F	K

3

A	H	K	G	S
A	M	K	A	M
H	M	H	A	S
H	S	G	H	G
S	K	G	K	M

4

W	T	B	R	R
B	U	U	E	T
E	U	W	B	U
W	R	U	W	T
B	E	T	E	R

5

H	A	J	Q	O
Q	J	Y	O	H
O	H	A	Y	J
Y	A	O	Q	Y
H	Q	J	O	A

答案：.............................

肌肉

骨骼和关节还不足以支撑身体运动，还需要肌肉。没有肌肉，身体根本就不可能运动起来！

如果定期锻炼，就会拥有更多的肌肉，比如俯卧撑可以锻炼手臂肌肉，慢跑可以锻炼腿部肌肉。

我们大部分肌肉都位于腿部、臀部和手臂上，因为这些部位需要承受较多的重量。但是我们身体其他部位的一些肌肉也是特别强健的：最强健的肌肉是咀嚼肌，因为我们要通过它们将食物咀嚼成碎块；心肌在耐力方面无人能及，因为它要不停地工作，并向身体供送血液；子宫在肌肉中也是一个纪录保持者，这一女性生殖器官最初只有30克重，而在妊娠期则会重达1千克，这相当于最初重量的30多倍！

知识拓展

人们常说："笑一笑，十年少。"这种说法不无道理，因为笑可以调动我们身体中上百块的肌肉。除此之外，通过深呼吸，身体也可以获得更多的氧气。

我们的脸部也有肌肉，26块面部肌肉确保我们可以做出各种表情。我们身体中的某些肌肉不受我们控制，因为它们是独立工作的，比如心脏。只要我们活着，它就一直在工作。还有一些肌肉，我们也无法有意识地对它们进行控制，比如肠子内的许多肌肉。

你知道吗?

我们身体的**1/3**是由肌肉构成的。不必惊讶！我们的身体中共有600多块肌肉！

以假乱真

下面的几个词都是和我们的主题"肌肉"有关的，但是其中有一个浑水摸鱼的"家伙"，因为根本就没有这个词，小朋友们能把它圈出来吗？

心肌	咀嚼肌	腹肌
胸肌	滑肌	肩肌
骨骼肌	眼球肌	脆骨肌

大家来找茬

　　我们可以通过运动来锻炼肌肉，特别是一些支撑式力量型的运动。下面图中的男子通过锻炼，肌肉就非常发达。但两幅图并不完全一样，而是有8处不同，小朋友们能找出来吗？

细胞和组织

如果我们将身体放大若干倍，就可以清楚地看到，身体是由许多微小的部分组成的，这就是细胞。所有的生物——植物、动物和人都是由细胞组成的，它们在身体内各司其职，比如眼睛中细胞的职责和心脏中细胞的职责就完全不同。我们将身体内职责相同的细胞群称为组织。

小朋友们能想象出成年人身体中有100万亿多个细胞吗？是不是让人大吃一惊呢？

人身体中最大的细胞是女性的卵细胞，最小的细胞是男性的精子。

放大镜之谜

这是放大镜下的一幕，小朋友们能猜出来这是什么吗？

心脏循环

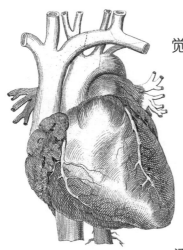

如果我们把手放在胸部左侧，就可以感觉到心脏的跳动。心脏的每次跳动都是在给身体供血，这一过程我们称为循环，因为血液从心脏流至全身，然后再从身体各处返回心脏，并不断重复。

就像我们已经知道的，心脏是一块较大的肌肉，它始终在工作。它就好像是我们身体的发动机一样，没有它我们就无法活下去。心脏将对生命而言至关重要的血液输送到身体各处：各个器官、眼睛、耳朵、胳膊、腿，甚至是足尖。

俗语解读

在德语中，有一句俗语叫 "auf Herz und Nieren prüfen"，从字面上解读是 "检查心脏和肾脏" 的意思。人们在使用这一俗语时，并不是要去检查一个人是否有心脏等器官，是不是健康等。这一俗语也可以用在汽车上，汽车当然没有心脏和肾脏了，其延伸意思为 "严格检查"。这一表达源于《圣经》中的诗篇7第10章："上帝是我的盾牌，他拯救心里正直的人。公义的天主，唯你洞察肺腑和人心！"

肺循环

总的来说，血液在体内要经过两种不同的循环。除了前文提到的心脏循环之外，还有肺部循环。当血液流经全身重新回到心脏时，血液已经被用过了。它将氧气带到全身各处，此时血液中已没有多余的氧气了，所以无法再次进入心脏循环。它会先进入肺部获得新鲜氧气，然后从肺部流回心脏，这样心脏就又可以将富含氧气的血液供送到全身各处了。

为了使两种循环不会相互干扰，心脏分为了两部分。两部分由一层膈膜分开。心脏左侧部分负责心脏循环，右侧部分负责肺部循环，两个部分同时工作。唯一的区别就是，一个是向全身供血，一个是向肺部供血。

身体上部

肺

心脏

肝

静脉

动脉

肠

肾

身体下部

心脏循环和肺部循环图

静脉与动脉

当心脏向身体供血时，血液会流入具有弹性的细管——血管中，经血管从心脏流经全身延伸至脚部然后再返回心脏。就像我们骑着自行车从马路的一侧去学校，然后再从学校返回家里一样，血液来回流经的血管也不同。为了更好地区分血管，人们给它们赋予了不同的名字：心脏将富含氧气的新鲜血液供送至全身所流经的血管叫动脉，从身体各处流回心脏的血液流经的血管叫静脉。

一半多的血液都在静脉中。动脉中最重要的是大动脉，它看起来就像一把手杖。

动物之谜

体形越小，心脏也就越小，脉搏跳动就越快。小朋友们可以将下面的脉搏跳动标准和右侧图片中的动物对应起来吗？请将脉搏跳动数写在圆圈中。

每分钟大约 **500** 次，每分钟大约 **25** 次
每分钟大约 **270** 次，每分钟大约 **75** 次
每分钟大约 **120** 次

脉搏

通过脉搏我们可以测量出心脏跳动的速度。体形越小，心脏跳动就越快。婴儿每分钟脉搏跳动120次；少儿则为80到100次；而成年人大概只有70次。

我们可以自己测量脉搏。最容易测量的地方是手腕关节处。将大拇指或两根手指放到另一只手的手腕关节处大拇指下方。你们能感觉到跳动吗？这就是脉搏。我们借助秒表就可以计算出心脏每分钟跳动的次数。如果我

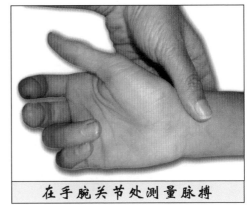

在手腕关节处测量脉搏

们在家中来回奔跑，直到气喘吁吁，然后再次测量脉搏，就会发现脉搏跳动更快。为什么呢？因为当身体处于紧张状态时，心脏就会工作得更快些。因为此时身体需要更多的氧气，心脏跳得越快，体内流动的血液就越多，从而可以带来更多氧气。

血液

血液在我们全身中流动，将重要物质带到所有的细胞处，因为每一个细胞为了正常工作都需要"食物"。另外血液也会带走细胞所不再需要的东西。

血液是由什么组成的呢？血液有不同的组成部分，它们的作用也不同。

血液中成分最多的是血浆，它在体内运送养分，比如盐或糖，起到了食物供给的作用。除此之外，血浆中还含有激素。红血球也是血液重要的组成部分，它能够吸收肺中的氧气，并将其送到身体的每一个细胞中。红血球的寿命只有4个月左右，但是我们身体每秒能生成约200万个新的红血球。

血液的另一个组成部分是白血球。它也被看作是"身体警察"，能够抵御疾病。

血小板是血液中所占成分最少的部分。当我们摔伤流血时，它能起到止血的作用，所以伤口很快就会停止流血。

血型

有时人们失血过多，需要从其他人身上获得一些血，我们把这一过程称为输血。输血时非常重要的一点是两人的血型必须匹配。不同的血液类型叫作血型。通常，人们把血型分为4种：O型、A型、B型和AB型。当不同血型的血液混合在一起时，不但不会起到好的效果，反而会带来危险，所以医生在输血时非常注意血型。

小迷宫

洛塔想去献血，但是她不知道自己的血型，小朋友们能帮助她找到答案吗？

呼吸

　　我们来试着做一下深呼吸。注意到了吗？我们的胸腔在上下起伏。我们通过嘴巴或鼻子吸入新鲜空气，新鲜空气经气管到达肺部，然后我们再把使用过的空气废气排出体外。

　　我们吸入的空气的1/5是氧气。对我们人类而言，氧气是我们生存的必需品。

　　血液将吸入的氧气运送到所用的身体细胞中，在返回的过程中会带走我们身体所使用过的废气——二氧化碳。血液会将二氧化碳送至肺部，然后我们通过呼气将它排除体外。

　　打哈欠时，我们的身体会吸入额外的氧气。当我们困倦或无聊时，呼吸就会变得舒缓。哈欠是一种深呼吸，此时我们吸入的氧气要比正常呼吸时多，这样我们就会感到清醒一些。但这也不是永远有效的。如果我们总是不停地打哈欠，那就必须去睡觉了，这样我们的身体才能够得到休息。

你知道吗？

　　打哈欠时，**眼泪**也会涌出，因为颌部肌肉会压迫泪腺，眼泪就会通过眼睛流出来。

肺

在我们的肺将氧气输送到血液中之前，我们必须先将空气吸入肺中。

这是怎么实现的呢？我们通过嘴巴或鼻子吸入空气，并通过咽喉将空气送至气管中。气管分为两个支气管：左侧的支气管连着左肺叶，右侧的支气管连着右肺叶。两个肺叶中吸入相同的空气量。支气管又分成若干个细管，就像植物的根须一样，它们汇集在肺泡处。在这里，血液获得新鲜的氧气。

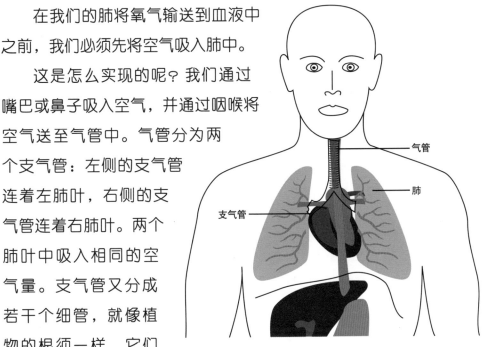

气管

肺

支气管

在呼气时，我们将用过的废气排出体外，其过程和吸气如出一辙：从肺部到支气管，再到气管，最后通过嘴巴或鼻子排出体外。

横膈膜

就像我们身体所有的运动一样，呼吸也受肌肉支配，这一肌肉就是位于肺部下方的横膈膜。我们吸气时，横膈膜向下收缩，这时肺叶向两边分开，空气就会进入。当横膈膜放松后，它就重新移到上方，肺部所占的位置就会变小，从而排出用过的废气。我们每天呼吸大约24000次，可见横膈膜的工作量是多大呀！

吸烟

小朋友们周围有吸烟的人吗？烟味非常难闻，而且吸烟也不利于健康。烟草中含有许多会导致疾病的有毒物质。吸烟时，肺部受到的伤害非常大，因为烟草中的有毒物质会直接进入肺部。对吸烟者周围不吸烟的人而言，烟也是有毒的，吸入二手烟受到的伤害往往更大。

你知道吗？

打嗝由各种各样的原因引起，比如吃过辣、过冷的食物或喝饮料喝得太急促。打嗝时，横膈膜会猛地收缩，这样肺部就会膨胀，吸入空气。与此同时，喉头上部的声门也会闭合。通常情况下，它呈打开状态，我们说话时需要用到它。而声门闭合时，就会出现打嗝儿的现象。如果我们转移注意力，打嗝儿就可能会自动消失。如果还不起作用，小口喝水或吃一勺儿白糖可能也会对打嗝儿有所帮助。

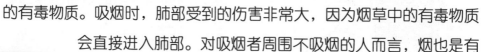

字母九宫格

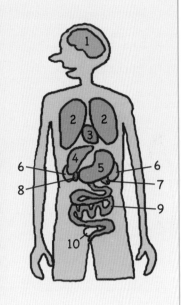

在右边的图中你们可以看到不同的内脏器官，请在下面的字母九宫格中找到对应的单词。小提示：可以横向、纵向或斜向寻找，有些单词的拼写是从前至后，也有些单词是从后至前。

S	T	O	M	A	C	H	Z	M
W	B	R	A	I	N	Z	S	L
E	L	Q	M	I	J	P	X	S
G	A	R	F	G	L	A	Y	L
F	D	Z	H	E	A	R	T	E
O	D	R	E	V	I	L	E	W
Y	E	N	D	I	K	U	L	O
Z	R	B	C	J	M	N	P	B
I	X	V	Q	N	T	G	A	S

1 brain   6 kidney

2 lung   7 spleen

3 heart   8 gall

4 liver   9 bowels

5 stomach   10 bladder

食物

我们运动时需要消耗能量，而这些能量是我们的身体从食物中摄取来的。如果我们长时间不吃东西，就会有饥饿感。我们的身体会消耗食物并需要补充。

注意啦！

我们的身体每天大约需要1升水。为了补充水分，我们应该尽量多喝水。对成年人而言，每天至少需要2.5升水。在夏天，我们出汗较多，所以需要补充更多水分，我们也会感觉比冬天更渴。

食物也不是完全一样的。不同食物中所含的养分也不同。我们的身体需要从不同的食物中获取养分。

让我们看一下几种重要的养分以及含有这些养分的食物吧！

蛋白质

蛋白质对我们的细胞、骨骼和肌肉而言非常重要，另外它也有助于消化。肉类和奶制品中都含有大量蛋白质。奶制品是指所有牛奶制成的食物，包括酸奶、凝乳、奶酪、黄油、奶油等。坚果、谷物及豆类中同样也含有蛋白质，比如黄豆或豌豆。

碳水化合物

碳水化合物就好比身体的燃料，就像烤肉离不开碳一样。在消化过程中，碳水化合物转化为葡萄糖，葡萄糖从血液进入到细胞中，并向细胞提供能量。几乎所有的食物中都含有碳水化合物，特别是粮食中。我们在吃面包、面条、米饭、土豆、豆类、谷物等时，就摄入了碳水化合物。

谷物之谜

面包是我们日常生活中非常重要的一种食物，它是由粮食制成的。下面是几种不同的粮食，可惜小狐狸把名字搞错了，小朋友们能帮帮它吗？

1 水稻
2 黑麦
3 玉米
4 大麦
5 燕麦
6 小麦

脂肪

脂肪帮助我们的身体生成新的
细胞。除此之外，它还可以像碳水
化合物一样被用作燃料提供能量。
脂肪位于我们的皮肤下方。我们所
熟知的脂肪含量较高的食品有黄油、
奶油和植物油。脂肪还隐藏在油炸
薯条、薯片、饼
干、奶酪
制品、蛋
糕、坚果
和巧克力中。

通过油炸烹饪，薯条中聚
集了大量脂肪。

矿物质

我们的身体需要矿物质，因为骨骼发育以及氧
气的输送都离不开它们。矿物质种类众多，
钙就是其中一种。比如奶制品中就含有
钙，它可以坚固我们的骨骼和牙齿。随着
成长，我们也需要越来越多的钙。

维生素

维生素有助于身体细胞的生长和养分的转化，比如在碳水化合物转化成能量的过程中就离不开维生素。新鲜水果和蔬菜中含有丰富的维生素。肉类、牛奶以及粗粮制品中也含有许多重要的维生素。

粗纤维

粗纤维存在于植物中较为坚硬、难以消化的部分中，比如蔬菜皮、粗粮面条、粗粮面包、混合麦片等粮食中。它不能被我们的身体所吸收，因此没有什么营养价值。尽管如此，它还是非常重要的，因为它可以充分吸收并储存水分，从而可以更好地在体内输送水分。这对消化而言至关重要。

营养金字塔

从下面的营养金字塔中，我们可以看出，平时应该多吃哪些食物，少吃哪些食物。金字塔的最下方是蔬菜、水果和粮食制品；奶制品、肉和鸡蛋位于金字塔的中间，这意味着我们要相对少摄取一些；油和脂肪的量更要注意控制；而位于金字塔顶部的糖则是偶尔才可以吃的。

下面的营养金字塔与左侧的相比共有10处不同，小朋友们可以找出来吗？

消化

所有我们摄入的食物，必须被送到身体内所需要的部分。我们的身体将其中一些转化成其他物质。这一过程被称为消化。每天我们都可以观察一下消化的开始和结束：我们把食物放到嘴中，咀嚼食物，然后食物就在我们体内消失了。一段时间之后，我们就以其他形式将它们排出体外。那么在这段时间里，食物在我们体内都会经历些什么呢？

嘴巴和唾液

消化从嘴巴就已经开始了。嘴巴的每一部分都会各司其职。通过张开的嘴巴，食物进入食道中。咀嚼时，我们的舌头搅动食物，并用唾液润湿食物。在唾液的作用下，食物转化成糊状物，这样更利于吞咽。唾液在口中就开始将食

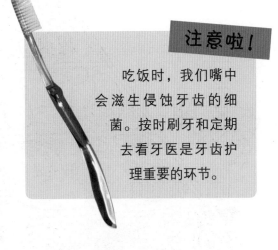

注意啦！

吃饭时，我们嘴中会滋生侵蚀牙齿的细菌。按时刷牙和定期去看牙医是牙齿护理重要的环节。

物中的碳水化合物转化成糖，所以如果我们在嘴里来回咀嚼一块儿面包，就会有甜丝丝的感觉。在嘴中，食物的温度接近我们的体温，所以在食物进入食道时，温度恰好适中，既不太热，也不太凉。当我们咽下食物后，食物就通过食道进入胃中。

牙齿

我们人类有牙齿，是因为咀嚼食物的需要。牛在吃草时，用牙齿揪扯杂草。啮齿目动物（比如海狸）的牙齿较为锋利。我们口腔中的前部是门齿，主要是用来切割食物。门齿的旁边是尖利的犬齿。而口腔的后部是用来咀嚼的臼齿。

乳牙

小朋友们，你们听说过婴儿长牙吗？也就是说，牙齿从皮肤中生长出来。其实，牙齿在婴儿出生前就已经存在了。婴儿最初长出的牙齿我们称之为乳牙，因为它们非常小。乳牙是为以后恒牙的生长预留位置。

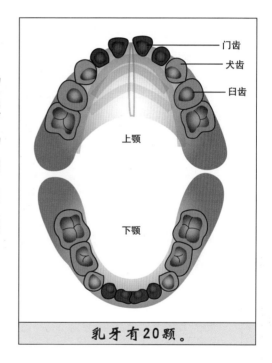

门齿
犬齿
臼齿
上颚
下颚

乳牙有20颗。

知识拓展

牙齿分为三部分：牙冠、牙颈和牙根。牙齿中露在外面可见的部分叫作牙冠，牙颈隐藏在牙龈中。牙根将牙齿和颌骨连在一起。

神奇的 身体

恒牙

小朋友们可能已经有过脱牙的经历了。大约从5岁起，乳牙就会逐渐脱落，然后被大一些的恒牙所代替。另外上下每侧还会额外长出3颗臼齿，所以成年人通常有32颗牙齿。

最里侧的臼齿叫智齿，因为它们比其他牙齿长得晚。有些人根本就不会长智齿，或者需要把智齿拔掉，因为他们的颌骨处已经没有位置了。如今，智齿对我们来说已经不是那么重要了，因为我们大部分的实物都是经过烹饪加工的，不需要过多的咀嚼。而对原始人来说，却是另一种情况，他们需要用所有的牙齿来嚼碎那些未经烹煮的食物。

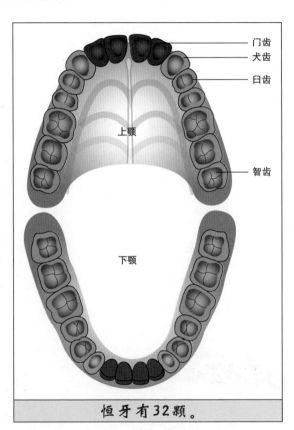

门齿
犬齿
臼齿
上颚
智齿
下颚

恒牙有32颗。

知识拓展

第一颗恒牙几乎肯定是臼齿。这颗牙通常是在我们6岁的时候长出来的。在此之后，其他乳牙才开始脱落，其他恒牙也会逐渐长出来。

胃和肠

我们的胃具有伸缩性，可以容纳一餐饭所吃的所有食物。我们咀嚼的时间越长，咀嚼得越仔细，胃在消化的时候就会越轻松。在胃中，食物会与胃液混合形成食糜。

胃慢慢将食糜输送到小肠处。小肠有5米多长！它就像手风琴一样折在一起。小肠会从食糜中汲取养分。

下一站是经过盲肠到达大肠。盲肠位于小肠和大肠之间，其作用是防止食物流回到小肠中。大肠要比小肠厚实得多，也要短得多。我们身体不需要的食物部分会进入大肠中，最终形成粪便。在我们将粪便排出体外之前，它一直就待在大肠中。有些食物很快就会被消化掉，而有些则稍慢一些。整个消化过程通常在19到36个小时。

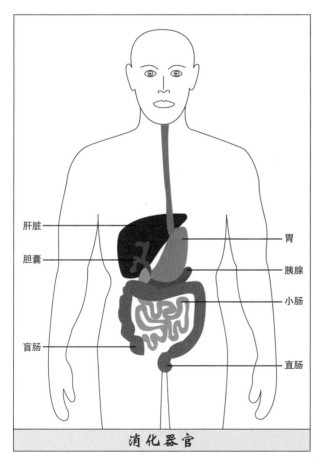

肝脏
胆囊
盲肠
胃
胰腺
小肠
直肠

消化器官

肝脏

养分在体内的运送路线如何呢？首先，血液把它们带到肝脏处。血液从小肠处获取的养分中有时也会包含有毒物质。而肝脏就负责将这些有毒物质排出体外。

除此之外，肝脏还要负责"管理"我们体内的养分。如果我们一次吃得太多，并不需要一次吸收所有的养分。肝脏会将多余的养分储存起来，并适时将它们供给血液。只有肝脏中的养分消耗完了，我们才会有饥饿感。

肝脏将养分供给血液后，血液就会将它们带到身体所需要的地方。

就像邮递员穿越大街小巷将所有的信件送往正确的地址一样，血液也会流经全身，为每一个细胞送上它所需的养分。

你知道吗？

胆汁是一种有助于我们的肠道吸收脂肪的液体。它在肝脏中形成，在使用之前一直储存在胆囊中。

俗语解读

在德国，有一句和肝脏相关的俗语叫"frei von der Leber weg"，意思是"直言不讳，开诚布公"。早在古代时，德国人就将肝脏视为所有器官中最重要的器官。在他们眼中，肝脏比心脏更为重要，被视为灵魂所在地。所以人们在说"frei von der Leber weg"时，就表示发自内心，足够真诚。

神奇的 身体

填词游戏

请将图中序号对应的英文单词填入下面的方格中。

肾

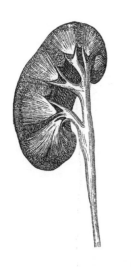

如果没有肾，人就无法生存，因为它能起到排毒解毒的作用。它就像污水净化设备一样，会一直不断地对我们的血液进行过滤，并将血液内的垃圾连同水分一起，以尿液的形式排出体外。

每个健康的人都有两个肾。它们位于我们肋骨下方脊椎的左右两侧，看起来就像两颗大蚕豆一样。

知识拓展

我们的身体离不开水。在没有食物的情况下，我们可以存活一周之久，但是如果没有水，最多5天我们就会面临危险。我们的身体可以储存养分。但是水分被排出体外之后，我们就无法继续储存养分了。此外，如果我们不喝水，肾就无法将垃圾物质排出，这样我们就会中毒。血液也会变稠，这样一来心脏跳动就需要更多的力量。

尿液

肾会排出许多尿液。如果你喝水很少，而出汗较多，那么尿液就相对较少。尽管如此，我们的身体也会生产等量的垃圾，所以尿液的颜色也不一样。尿液中黄色的部分是体内的垃圾。如果尿液中水分较少，那么尿液的颜色就会较深。如果我们喝水较多，那么尿液中的水分也相应增多，尿液的颜色也会浅一些。颜色较浅的尿液更为健康。

如果喝水较多，
我们就会不停地跑厕所

虽然尿液中含有体内的垃圾，但是健康人的尿液是完全无毒的。有些人甚至认为，尿液非常健康。如果我们得了某些病，可以像涂药膏一样将尿液涂在皮肤上，甚至可以直接饮用。如果身边没有什么可以用的药品，为了防止伤口感染，我们也可以使用尿液清洗伤口。

你知道吗？

你知道吗？我们身体的**2/3**都是由**水**构成的。如果我们的体重是30千克，那么其中有20千克都是水。但这些水并不是简单地在体内游动。每个细胞和每个组织中都含有水。还有3升水以血液的形式在体内游动。

小迷宫

保罗快被憋死了，但哪条才是通向厕所的路呢？小朋友们帮帮他吧！

神经系统

　　我们的器官在工作的时候是和神经系统联系在一起的，而不仅仅是看起来那么简单。神经系统就是我们的"中央控制室"：它与我们的整个身体不断地进行"通话"。我们的神经系统会接收我们看到的、听到的、闻到的、尝到的或感觉到的所有东西，并对它们进行进一步的处理。神经系统包括感觉器官、大脑、脊髓和神经。

　　我们在看电视时，眼睛会感知电视中的图片，耳朵会听到声音。眼睛和耳朵会与大脑"通电话"，告诉大脑它们的所见所闻。大脑会将这些图片和声音组合起来，并赋予它们意义。现在我们只要决定，是否喜欢这些东西。如果不喜欢，就会"打电话"告诉大脑，并给手指发出信号，关掉电视。

神经

神经会告诉大脑，我们感官系统所感知的一切，同时也会向身体的各个部位传递大脑的指令。它们是人体内传递信息的"线路"。神经系统由神经细胞和神经纤维组成的神经网构成。

你知道吗？

神经纤维可以传递神经细胞的信息。所有的神经纤维连在一起长度大约有770000千米。你知道吗？这个长度相当于**地球与月球之间的往返距离**。

小迷宫

神经就像电话一样能够传递信息。小朋友们请找一下，宝拉在给谁传递信息？

脊髓

连接我们大脑和体内神经细胞的是脊髓，它位于脊椎内，是一条特别粗的神经线。在脊髓中，每一种感觉都有自己通往大脑中某一部位的路径，所以我们的大脑就会立刻知道，每种感觉来自何处。

脊髓位于脊椎的内部，可以很好地免受外界伤害。这种保护非常重要，因为如果脊髓受到伤害，就很容易出现瘫痪或感知紊乱的情况。

知识拓展

因为我们的脊髓和大脑紧密合作，所以我们又把它们称为中枢神经系统。体内其他分支神经被称为周围神经系统。

反射

小朋友们可能无意中曾碰到炙热的电磁炉或热灯泡，在感到疼痛之前，我们会立刻把手缩回来，这一过程我们称之为反射。反射对我们的身体起到保护作用。要等待大脑作出有意识的反应需要较长时间，在这么长的时间内，我们可怜的小手儿就只能挨烫。这时，我们的触觉细胞就会发出反射，我们的大脑里就会闪过"会被烫伤"的意识，之后我们才会有疼痛感。

感官

我们的感官器官都属于神经系统，其中大多数都位于头部，比如眼睛、耳朵、鼻子和舌头。除此之外还有皮肤。我们感官所感知的一切都会由神经和脊髓传递给大脑。

视觉

你刚才在干什么呢？对了，你在读书。这就需要用到眼睛。阅读过程中，眼睛随着文字一行一行地移动。我们的眼睛可以向左右观望，但只能在一定程度上，因为

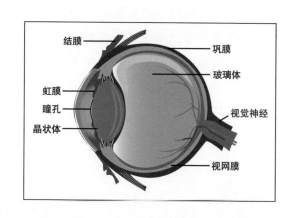

眼睛是包裹在肌肉中的。眼睛呈小球状，因此我们又把它称为眼球。

眼球由许多不同的部分组成：里面是玻璃体，它被一层巩膜所覆盖，也就是我们眼球中白色的部分。在巩膜上方的前部是一层薄薄的透明层——结膜。在眼睛的中间我们可以看到虹膜，虹膜的颜色也就决定了我们眼睛的颜色。虹膜中间的黑点是瞳孔。在黎明、黄昏或黑暗中，瞳孔会放大，以获取更多的光。如果周围一片明亮，瞳孔就会收紧变小，这样就可以对眼睛中的敏感细胞起到保护作用，防止它们受到强光伤害。

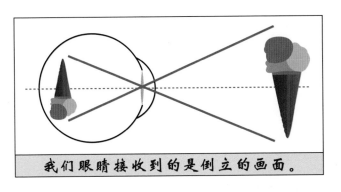

我们眼睛接收到的是倒立的画面。

虹膜和瞳孔的后面是晶状体，它就像照相机的镜头一样捕捉光线并将它们汇集到布满视觉神经的视网膜上，然后形成非常清晰的图片，就像我们在照相机镜头中看见的一样。上方的光线到达视网膜的下方，而下方的光线则到达视网膜的上方，这样形成的图像是上下颠倒的。这一图像由视觉神经传递给大脑，大脑又将倒立的图像重新还原。

你知道吗？

盲人的听力和感觉要优于常人。当我们的某一个感官器官不再发挥作用时，其他器官就会自动变得更强，这样我们仍然能正确感知周围环境。

网膜锥体与视网膜

我们的视网膜中有两种不同的感官细胞。光线极少的情况下，视网膜依然能够发挥作用，但是此时我们只能看到黑白二色，所以在黑暗中我们通常看不到其他颜色。而网膜锥体则只能在光线充足的情况下发挥作用。

视觉缺陷

有些人的眼睛存在问题，他们需要佩戴眼镜来帮助自己。近视的人只能看清自己周围的东西，看远处的东西就比较模糊；而远视的人恰恰相反，他们只能清楚地看到远处的东西。

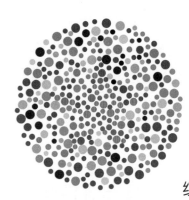

有些人在阳光照射下无法分辨颜色，这就是所谓的色盲。有些人看所有的东西都是黑白二色，就像我们在黑暗中一样。而大多数色盲症患者只是无法区分红色和绿色。小朋友们可以看一下左侧的图片，如果可以从布满绿色圆点的图片中辨认出中间的红色五角星，那么就不是红绿色盲患者。

视觉盲点

你知道吗？我们眼睛的某处什么也看不到，我们把它称为盲点。在这个地方没有视觉神经，所以也没有视觉细胞。通常我们根本就不会注意到盲点，因为我们的大脑会平衡这一点。当我们闭上或用手捂住左眼，然后用右眼仔细看下面图片中的十字，并以缓慢的速度前后移动书，在距离大约15厘米处圆点就会消失。此时它落在我们眼睛的盲点上，所以我们就看不到它了。

比一比

小朋友们比较一下①中的两条蓝线，哪一条比较长呢？然后再比较一下②、③中的蓝色图形，哪一个比较大呢？

①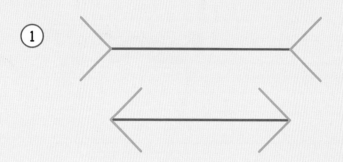

②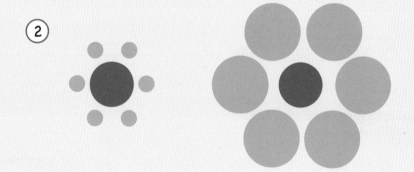

③

听力

小朋友们曾试过把手放在扩音器上吗？如果你把音量调大，就会感到扩音器在振动。我们不仅能够听到声音，也能感觉到它的存在。声音能够使空气振动，所以我们也会说到"声波"这个词。

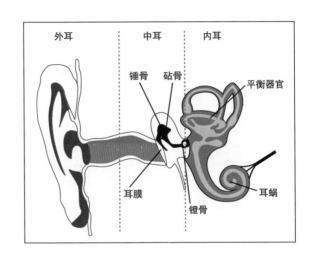

我们在听音乐时，声波会通过外部可见的耳廓进入耳朵中。它们在耳中越进越深，经过鼓膜或者微小的节骨（又被称为中耳锤骨、砧骨和镫骨），之后到达内耳。此时，内耳通过神经与大脑"打电话"并告诉大脑，外面都有些什么声音。

知识拓展

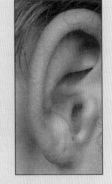

兔子的耳朵又长又直，大象的耳朵又大又平，而我们的耳朵相对较小，呈**贝壳状**，上面有许多凸起和凹处。通过它们我们就可以辨出声音来自何处，因为声波在这里发生了改变。借助改变的声音，大脑可以判断出来，声波是从上还是从下，从前还是从后来的。

音量

分贝是用来衡量音量大小的单位。低声轻语的声音很小，大约只有20分贝。正常说话的声音为60分贝。当声音达到80分贝时，就会令人感到不适，而且存在危险，因为容易引起永久性听力损伤。建筑工地上的许多机器声音甚至更大，所以有些建筑工人会借助专门的耳塞来保护耳朵不受噪音损伤。

听力不佳的人通常会佩戴助听器。以前人们借助老式助听器将声音传到耳中。现在的助听器则要高级许多，它们接收到声音后会放大并将声音传入耳朵。

你知道吗？

耳朵中的**镫骨**是人体**中最小的骨头**。它形似马镫，重量仅为三四毫克。

也有一些人根本听不见任何声音，也就是我们通常所说的"失聪"。他们中的很多人都学着解读唇语。为了使患有听力障碍的人能够相互交流，人们还发明了手语。手势和面部表情代表了不同的意思。

平衡

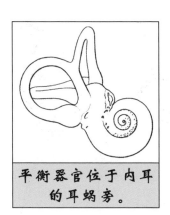

平衡器官位于内耳的耳蜗旁。

我们的耳朵不仅能用来辨识声音，还能起到平衡作用。在平衡作用下，就算外界略有晃动，我们依然能够站稳，比如在船上。我们的耳朵能够感觉到微小的身体运动，并能帮助我们平衡这种运动。

这种平衡感不仅是由体内的平衡器官操纵的，眼睛也会告诉大脑我们身处何处，从而起到辅助作用。小朋友们肯定可以单腿站立。试着闭上眼睛，你们看还能站稳吗？是不是会来回摇晃呢？如果是双腿站立，那肯定站得很稳，就算没有眼睛的帮助，也不会来回摇晃。但是如果在闭上眼睛的情况下单腿站立，那就非常困难了。

知识拓展

如果坐在公交车或汽车的后排，有时就看不清前方街道上的情况，这时有些人就会感到头晕恶心：他们患有**晕车症**。如果大脑获得不同的信号，那就容易出现恶心的感觉。公交车和周围的环境都在移动，眼睛感受到了这种变化。但是我们静静地坐在那里，内耳中的平衡器官却感觉不到身体在移动，这样大脑获得了不同的信号，所以就会出现晕车的症状。

神奇的 身体

数独游戏

请将1至6六个数字填入下面的小方格中，保证横向、竖向以及每个粗线长方宫格中都有1至6六个数字。

2				3	
5		4			
3		6			
			6	4	2
	2		4		3
	3		5		1

6		1		2	
2		3		5	
		6	2	4	
	2				5
			3		2
	3		1		

嗅觉

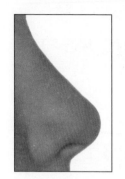

新鲜出炉的苹果蛋糕闻起来香味四溢，但是如果在烤箱中烤制时间过长，那就会出现糊味儿了。这种糊味儿以及其他许多味道我们都可以靠嗅觉器官来感知。

所有的气味都是我们通过鼻子连同空气一起吸入的。鼻子中有鼻黏膜，上面布满了100多亿个神经细胞，但并不是所有的细胞闻到的味道都是一样的：感知甜味的细胞与感知难闻的汗臭味儿的细胞是不同的。这些细胞的构造如何呢？细胞的表面上布满了微小的感觉绒毛，气味物质可以依附在这些绒毛上。鼻子的神经细胞将这些味道传递给大脑。人们也可以同时感知几种气味，比如我们可以同时闻到厨房中蛋糕的糊味儿和煮可可的香味儿。

味道与感觉

味道可以唤起某种情感和记忆。当你感到悲伤时，突然闻到喜欢食物的味道，心情也许就会变得好一些，不是这样吗？微咸的海水味也许会让你想起上一个暑假。味道会被储存起来，唤起某种反应。所以在遇到危险时，我们的嗅觉器官也会发出警告，比如食物腐坏了或起火了。

习惯某种味道

如果我们长时间呆在某种具有特殊气味的环境中，一段时间后就无法再感觉到这种气味了，因为我们已经习惯了这种味道。幸运的是，我们对那些难闻的味道也是如此。对其他感觉器官而言也是如此。窗前街道上的喧闹声或钟表的滴答声听了一段时间后，它们就不会再打扰到我们了。我们的大脑直接把这些不重要的声音删除了。

知识拓展

"我的鼻子为什么这么长呢？""这样我就可以更好地闻到你的味道啦！"一只凶狠的狼说道。当匹诺曹说谎时，他的鼻子就会变长。

当然，我们的鼻子不会轻易变长，但会与天气相适应：欧洲的天气相对干燥寒冷，所以在冷空气进入敏感的肺部前人们必须在鼻子中对它们进行处理，因而欧洲的人鼻子就较大；而亚洲人的鼻子较小，因为他们生活在一个潮湿温暖的环境中。

算术迷题

什么东西这么难闻？为了找出答案，小朋友们必须解出下面的算术题，并按计算结果从小到大的顺序排列算术题前的字母，就可以真相大白啦！

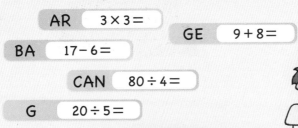

AR $3 \times 3 =$

GE $9 + 8 =$

BA $17 - 6 =$

CAN $80 \div 4 =$

G $20 \div 5 =$

味觉

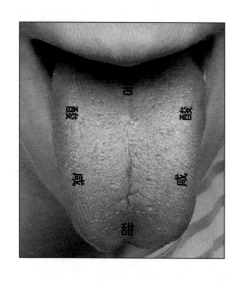

苦
酸　酸
咸　咸
甜

我们不仅用嘴巴来享受美餐的味道，也会借助鼻子和舌头。小朋友肯定已经注意到了，我们的舌头并不是光滑的，而是布满了许多小凸起，也就是味蕾。

舌头能够区分不同的味道：甜的、酸的、咸的、苦的、味道浓郁的等等。原则上来说，舌头的任何地方都可以感知各种味道，但是感知甜味的味蕾主要集中在舌尖处，感知苦味的味蕾主要集中在靠近咽喉的部位，而感知酸味和咸味的味蕾主要分布在舌头两侧。

当然，并不是所有的东西尝起来都是这几种基本的味道。在吃东西时，鼻子也能起到辅助作用。正是因为这个原因，我们在感冒鼻塞时，味觉就要差一些。我们的味觉神经依然正常，但是鼻子却无法感知味道了。就算没有感冒，我们也可以试一下。我们可以捏住鼻子，喝一口果汁或其他熟悉的饮料，味道还是和原来一样吗？

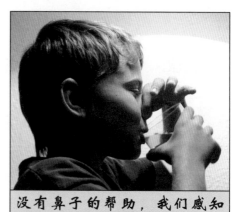

没有鼻子的帮助，我们感知味道非常困难。

神奇的 身体

知识拓展

人们必须学习辨别味道。婴儿虽然已经有了味觉神经和嗅觉神经，但也只有在吃非常甜的东西时才能感知到甜味。一个人尝到的味道越多，才能更好地定义一种新的味道。所以大人喜欢吃的饭和孩子们不同。

单词转轮

下面的单词转轮中隐藏着一种水果，小朋友们能找出来这是哪种水果吗？并将这种水果所对应的味道标记出来。

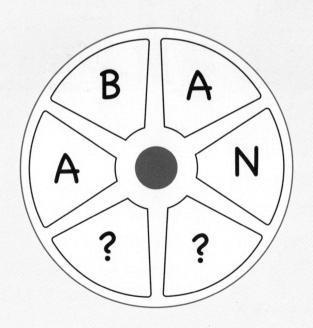

BITTER

SALTY

SOUR

SWEET

感觉

　　我们的皮肤中布满了触觉细胞。有了它们，我们就有了感觉。如果有人轻抚我们，我们就能觉察到；如果有人用刀子割我们，我们就会感到疼痛。

　　我们的皮肤不仅能够感觉到疼痛，也能感知冷热，并作出反应。如果只是轻微的碰触，比如用羽毛轻抚，我们的皮肤表层就会有感觉；如果是较重的按压，那么皮肤下较深的地方也会有所感觉。触觉细胞分布在皮肤中不同的地方。我们的指尖、手表面、

嘴唇和舌头感觉尤为灵敏，因为这些部位分布的触觉细胞要远远多于小腿肚等部位。后背中央是最不敏感的地方。

上面的图片告诉我们，哪些身体部分较为敏感：图片中越大的身体部位感觉就越强。但实际上我们较为敏感的身体部位真的有图片中那么大吗？

皮肤

皮肤由三层组成，在不同的身体部位处厚度也有所不同。比如，足底的皮肤就特别厚。所以我们可以赤脚奔跑，不太会感觉到石子刺伤的疼痛感。

最上面的一层被称为皮肤表层，由坏死的细胞组成。这些坏死的细胞不断脱落，然后被新的细胞所代替。

表皮层下方是真皮层，主要由结缔组织构成。我们的毛发生在真皮层中，同时真皮层中还有汗腺和皮脂腺。

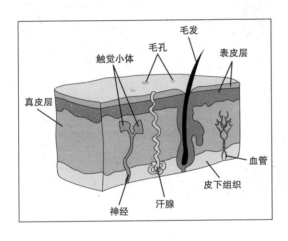

第三层皮肤层叫皮下组织，主要由脂肪组织构成，能够对下方的器官起到保护作用，使它们免受外界撞击。

知识拓展

洗澡时，我们的**手指**总会**起皱**，原因就在于身体和洗澡水的盐分含量不一样。身体的含盐量要高于洗澡水，所以水分子就会通过皮肤进入体内。细胞就会鼓起，这样就需要更多的地方，所以皮肤就会起皱。

起到保护作用的器官

我们的皮肤不仅仅是感觉器官，而且还是我们身体非常重要的保护器官。它和毛发、指甲一起组成保护墙，抵御外界的伤害。体温在35至37摄氏度时，我们的身体会感到最为舒适。皮肤就负责保证我们的体温维持在这一范围中。

如果感到非常热，我们就会出汗。汗液在潮热的皮肤表面蒸发，会给身体带来凉爽的感觉。除此之外，我们的脸也会变红，因为皮肤内的血管扩张，更多的血液涌上身体表面，之后又会冷却下去。

受凉时我们的皮肤也会有异常的反应：血管会收紧，这样就可以使体内的血液保持温度。除此之外，我们也会起鸡皮疙瘩。皮肤上的毛发会竖起来，以起到保温的作用。这是人类从原始时代保留下来的习性，那时的人们几乎是全身毛发。如果我们感到害怕，竖起的毛发也会使我们看起来更为高大，就好像小猫儿受惊时会竖起全身的毛一样。

肤色

皮肤中存在着黑色素，可以保护皮肤免受阳光的伤害。体内黑色素较多的人肤色较暗，甚至是黑色，他们可以在阳光中待较长时间。在过去的几百年中，阳光照射较强的国家和地区的居民，皮肤颜色逐渐变深。皮肤较白的人体内的黑色素较少，所以抵抗阳光照射的能力不强。因为在北欧阳光并不是那么强，所以这里的人们也不需要那么多黑色素。

如果我们在阳光下玩耍，皮肤中的黑色素就会被激发，皮肤就会变黑，从而保护我们不受阳光的伤害。可惜的是这种保护往往不够，所以我们必须在皮肤上涂抹防晒霜。

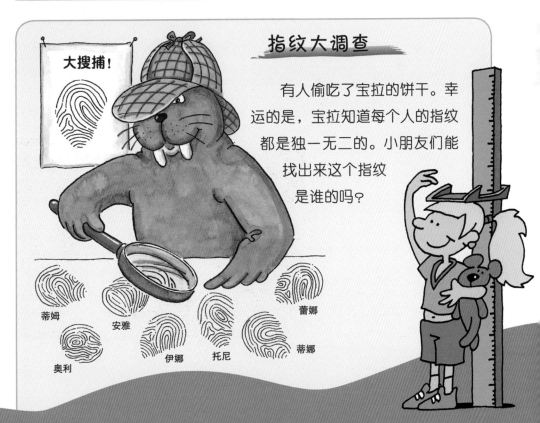

指纹大调查

大搜捕！

有人偷吃了宝拉的饼干。幸运的是，宝拉知道每个人的指纹都是独一无二的。小朋友们能找出来这个指纹是谁的吗？

蒂姆 　安雅 　奥利 　伊娜 　托尼 　蒂娜 　蕾娜

毛发和指甲

毛发和指甲都属于皮肤，因为它们也能从外部保护我们的身体。在我们的一生中，它们都在生长，但只有根部具有生命力。毛发和指甲本身是由死细胞组成的。正是因为这个原因，我们在剪指甲的时候才不会感到痛。但是如果有人扯我们的头发，我们就会感到很痛，因为扯头发时扯到了发根。

你知道吗?

我们的头发每周大约平均生长2毫米，每个月大概就是1厘米，一年大概是10至12厘米。

毛发可以使皮肤保持温暖。如今人们都身着衣服，如果外面很冷，我们就可以多加衣物。但是在几千年前，人们还不知道如何生产布料，所以自然而然也没有衣服可穿。他们浑身长满了毛发，就像皮毛一样能够起到御寒的作用。因为如今我们不再需要这些体毛，所以它们就已经退化了。我们的腿毛两个月就会脱落一次。

我们的眉毛和睫毛也有自己的作用，它们可以保护我们的眼睛免受污染。在我们的身体上，大约一共有500万根毛发。

　　头发是直的还是卷的，取决于头发毛囊的形状。毛囊位于头发中，头发就是从毛囊中长出来的。如果毛囊是圆形的，那么长出来的就是直发；如果毛囊是扁平的，那么长出来的就是卷发。

　　和皮肤一样，头发中也含有黑色素，所以头发也有颜色。头发中有两种黑色素：一种是黑色和棕色头发所含的黑色素，一种是红色和金色头发所含的黑色素。黑色素可以以不同的方式混合，所以就有许多不同颜色的头发。一旦上了年纪，头发中的黑色素就会减少，所以老年人的头发就会逐渐变灰、变白。

我是推理王

摩尼的帽子在苏西的上面。乔伊的帽子在扎比内的下面、阿尔民的上面。那么哪一个是凯伊的帽子呢？

64

指甲

我们的手指甲和脚指甲对手指和脚趾的敏感端部起到了很好的保护作用。除此之外，手指甲还是一种天然工具，比如剥橙子皮时。我们可以看见的部分被称作指甲，它是从皮肤下面的甲床生长出来的。

小朋友们发现了吗？我们剪手指甲的频率要远远高于剪脚指甲。脚指甲长得要比手指甲慢，一个月只长1毫米。而手指甲只要一周就能长1毫米。阳光会加快指甲的生长速度。因为脚通常藏在鞋子中，比起手来暴露在阳光下的时间较少，所以脚指甲长得也就没有那么快了。

你知道吗？

你知道吗？我们的**指甲**与动物的**爪子**是由相同的物质组成的。指甲也是一种角质物，就像小鸟的嘴巴、马的马蹄和犀牛的牛角一样。

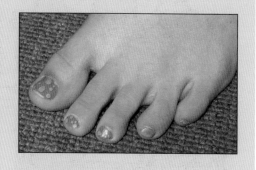

影子游戏

小朋友们能找出来下面哪个是犀牛的影子吗？

大脑

大脑是一个非常复杂的器官。虽然人们现在还没有发现大脑所有的秘密，但已经知道了其中一些：它位于颅骨下方，受到了很好的保护；它可以接受我们身体发出的信息，并传回指令。就像我们前面所说过的一样，我们的神经细胞不断地与大脑"打电话"并告诉大脑，身体中的各个角落都发生了些什么。

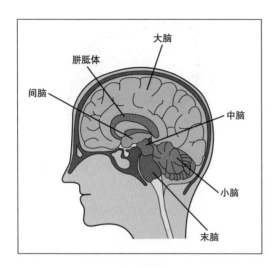

大脑
胼胝体
间脑
中脑
小脑
末脑

我们通过大脑思考问题、感知世界并作出决定。大脑由左右两个半球组成：左脑负责组织语言和逻辑思维（比如数学）；右脑则负责进行创造，比如谱一首曲子、画一幅画儿。中脑接受眼睛和耳朵传来的信息。如果我们哪里感到疼痛，也会反应在中脑里。小脑则是控制我们的肌肉运动。如果我们想抢球，小脑就会告诉我们，手应该伸向哪个位置。

你知道吗？

你知道吗？成年人的大脑有1000多克重，含有几千亿个神经细胞。

后脑的功能对于我们的生命来说至关重要，比如血液循环、呼吸等。

记忆

通过记忆我们可以记住曾经学过或做过的事情。我们曾经美好的、痛苦的经历都储存在记忆中。记忆不是存在于我们大脑某个固定的地方，而是由多个部分组成，分布在整个大脑中，通过神经连在一起。

我们的记忆分为两部分：长期记忆中储存的是时间稍长一些的记忆和经历，包括我们曾经读过的书、写过的字和说过的话，这些都是我们一生中需要做的事；短时记忆或工作记忆中储存的是一些新的记忆，它们可以转化为长期记忆。如果你想知道，钱包里的钱可以买几个冰激凌球，你的长期记忆就可以帮助你进行计算。我们经常会想起的重要经历和事情会变成长期记忆，而那些不重要的则会逐渐被我们所遗忘。

左撇子

左撇子既不是身体残疾，也不是罕见的情况。出现左撇子的原因是两个脑半球中其中一个过于发达。脑半球和身体的神经连在一起，对于左撇子而言他们的右脑更发达一些。

内分泌系统

　　内分泌系统能够帮助神经系统控制我们的身体，但是它并不像神经信号那么快地发挥作用，它对我们身体产生影响需要较长的时间。血液将荷尔蒙（激素）输送到我们的器官中。荷尔蒙是一种化学物质，

它的作用很多，比如可以控制身体的生长和营养的分配。除此之外，还有一种特殊的荷尔蒙，当外面天色变暗时，它可以使我们感到困倦。

　　最有名的荷尔蒙是应激反应荷尔蒙——肾上腺素。它使我们的身体在危机情况下能够全力投入，迅速做出反应。在这种情况下，我们会心跳加速，血液也会在体内释放出更多的氧气，从而我们可以获得更多的能量。为了吸入体内的氧气，我们必须加速呼吸，所以如果我们激动或害怕时，心脏就会砰砰跳，呼吸也会加速，这些都是很正常的。

知识拓展

　　在德国有一句俗语："恋爱中的人肚子里有蝴蝶飞舞。"为什么这么说呢？当我们坠入爱河，头部和腹部就会共同工作。我们的胃被大约1亿个神经细胞所包围。在爱情中所出现的那种紧张感和内心激动，首先会刺激头部神经，之后这种紧张感和内心激动就会被继续传送到腹部，在这里就会产生一种酥痒的感觉，就像肚子里有蝴蝶翩翩起舞一样。

影子游戏

小朋友们能找出来下面哪个是汉斯叔叔的影子吗？

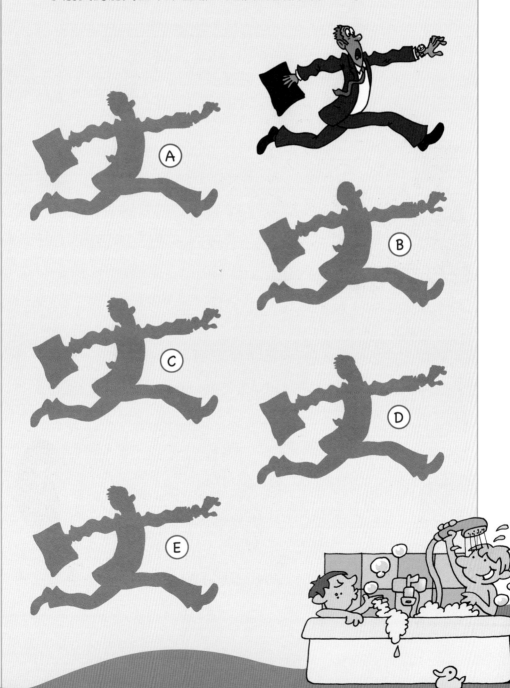

神奇的 身体

外部侵袭

在我们的周围生活着数以百万计的小生物。它们非常小，只有用显微镜才能看得到。它们生活在空气中、食物中，还有我们的皮肤上。它们中的许多对我们的身体有益，比如有助于食物消化的大肠杆菌，但一些却会引发疾病。

我们只能在显微镜下观察到病原体。

最常见的引发疾病的病原体是细菌和病毒。细菌是单细胞生物，可以迅速繁殖，如果存在于食物中，可能会导致我们食物中毒。还有一些细菌——龋，会导致龋齿。

病毒是最小的病原体，它们自己不能繁殖。它们一旦进入我们的身体，就会使我们的细胞形成新的病毒。病毒会引发伤风、流感或皮肤出现小疱疹。

身体的自我治愈——免疫系统

我们的身体有许多小办法保护我们免受病原体的侵害：我们的皮肤可以阻挡病原体；我们的胃酸可以破坏食物中含有的病毒；我们的身体会竭尽所能保护我们。但有时病原体仍然会进入我们的身体，使我们染病。

我们体内的免疫系统可以使我们迅速恢复健康，它能识别出并能抵御许多病原体。免疫系统并不属于某个身体器官，而是分布在我们全身。白血球尤为重要，好比我们的"身体警察"。

眼明手快

小朋友们都特别感兴趣医生的口袋里装着些什么。下面看到的东西中有两样和医生的工作无关，你们能迅速找出来吗？

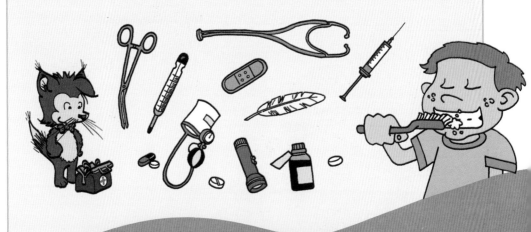

身体警察——白血球

当我们生病时，我们的身体会生成许多有助于抵抗疾病的白血球。这些白血球在我们体内游走，寻找并破坏病原体。它们其中的一些甚至会吞噬病原体，我们把它们称为吞噬细胞。

白血球就构成了所谓的抗体，它们可以在我们下次发病时迅速识别出病原体。

大家来找茬

下面的两幅图共有8处不同，小朋友们能找出来吗？

恢复健康

在得了某些疾病时，我们的免疫系统需要一段时间才能战胜病原体。在这段时间中，我们就有生病的感觉，有时甚至会发烧，这意味着我们的身体正在迅速生成病原体。

有时仅仅靠免疫系统是无法战胜病魔的，所以医生就会给我们开药，来帮助免疫系统抵抗疾病。除此之外，我们还可以自己支持免疫系统，比如通过充分睡眠、大量饮水、平衡膳食，这样我们的身体就能获得所有抵御疾病的养分了。

免疫系统可以对某些疾病产生永久性的记忆。它可以迅速识别出这些疾病，所以我们就不会再得这些病。这也就是我们注射疫苗的原因了。我们人为地向体内注入病原体，比如通过注射的方式，我们的免疫系统就会识别这种病原体。如果日后这种病原体试图侵入我们的身体，我们的免疫系统就会立刻阻止疾病的爆发，这样我们就不会生病了。

传染疾病

许多疾病都是具有传染性的。它们的病原体会从一个人的身上转移到另一个人身上，要么通过空气，要么通过直接的身体接触。许多疾病会在我们毫不知情的情况下攻破我们的免疫系统，所以我们应该多加小心：比如定期用肥皂洗手，特别在生病时；在咳嗽时，应该用手捂住嘴巴等。

卫生清洁

在大约150年前，人们还不知道清洁或卫生工作可以防止疾病。自从发现了这一点，人们在医院里就格外重视保持环境卫生。这非常重

要，因为许多病人都集中在一个相对封闭的狭小空间中，这样疾病就会很快传播。在家中，我们也要重视卫生，但是不用像在医院中一样那么严格。

绘声绘色讲故事

图中的小朋友怎么了？请小朋友们给图片排序，并试着将图中小朋友的遭遇讲给爸爸妈妈听。

正确顺序：_____

感冒

我们每个人都患过感冒，大多数情况下感冒都是从伤风开始的。

咳嗽也是感冒的症状之一。当呼吸道中出现黏液或灰尘时，咳嗽是身体保护呼吸道的一种方式。在感冒时，病原体就是引发咳嗽的原因。另外，过敏也会引发咳嗽。

如果我们患了重感冒，就应该去看医生，让医生给我们开药。通常免疫系统靠自己就可以战胜感冒。此外，还有许多方法可以帮助我们抵抗感冒：冲一个热水澡、喝一杯热柠檬茶都可以有效对抗伤风和咳嗽。

喉咙不舒服时的绝妙选择：热柠檬茶和含片。

你知道吗？

打喷嚏时气流的速度可达**每小时900千米**，这差不多相当于高铁速度的3倍！

儿童病

最常见的儿童病是麻疹、水痘、猩红热、百日咳、流行性腮腺炎和风疹。它们之所以被称为儿童病，是因为大多数患者都是儿童。只有在极少的情况下，成年人才会得这些病。

儿童病的传染性很强。如果已经得过一次，通常就不会再得这些病了。

字母转盘

转盘中的每一个方块儿中都暗含了一个特定的字母，如果按顺时针方向将5个方块儿中特定字母都找出来，就可以得到一种富含维生素C、能够预防感冒的水果。小提示：从左上方的方块儿开始。

答案：..

肿块是怎么出现的？

如果我们撞到上臂，被撞的地方通常会出现淤青，因为碰撞中血管会受伤，血液会进入组织中。如果我们的头碰到硬处，头上就会起包。柔软的身体部位撞到硬处时，也会出现同样的状况，血液会从受伤的血管中涌出，流入组织中。颅骨上没有那么多细胞组织，但是血液需要空间，所以皮肤就会向外鼓起，这也就是我们为什么会起包的原因了。

什么是脑震荡？

我们的大脑位于颅骨下方，受到了很好的保护。颅骨可以抵消外界微小的震荡或撞击。如果撞击过于猛烈，使大脑撞到颅骨上，那么就会出现脑震荡。之后我们很快就会有恶心和头晕的感觉，继而会头疼，有些人甚至会昏迷不醒。如果出现脑震荡，我们应该卧床静养几天，从而使大脑可以重新休息过来。

我是推理王

图片中有两组小朋友，每组3人。他们外形各异，没有一个和另外一个是相同的。那么到底谁是谁呢？

1 荣娅不是黑头发；
2 奥利维亚比克拉拉高；
3 克拉拉不是最矮的。

1 西蒙站在外侧；
2 保罗戴了顶帽子；
3 乌尔夫站在西蒙旁边。

答案：

....

骨折

小朋友曾经骨折过吗？骨折可是非常疼的！但是幸运的是，如果用夹板固定并打上石膏，骨头可以重新长到一起。

骨头是有生命的物质，是由不断生长的细胞组成的。骨头中含有血管，能够为骨头提供养分。我们想象一下吧！骨头每十年就会重新生长一次。骨折之后，骨骼会加速生长，在很短的时间内就会将折断的骨头部分之间的空隙填满。此时，血液也会帮着修复。

X光

为了清楚地观察骨折情况，我们可以照X光片。通过X光射线可以拍出片子，在片子上我们可以清楚地看到骨头。X光射线可以毫无问题地透过我们的身体。因为骨头要比其周围的器官坚硬，所以在X光片上骨头部分会更为突出一些，我们也就可以清楚地看到骨折的情况了。

骨头迷宫

图片中有几块骨头呢？

伤口如何愈合?

小朋友们一定曾从某个地方摔下来过并把膝盖给摔破了,伤口会出血,这样就可以把伤口中的污物和细菌冲走。如果我们想彻底清洁伤口,还可以用碘酒进行消毒。随着血液的流出,许多血小板汇集到伤口处,起初是在伤口的边缘,慢慢汇集到伤口的中间。这时,伤口已经基本愈合,也不会继续流血了。凝结的血液之后会结疤。伤疤下面皮肤细胞重新生长起来,受伤的血管也得以恢复。新皮肤会慢慢变厚,直到痂皮脱落。

膏药

许多人认为,伤口接触空气后会愈合得更快,其实并非如此。如果不贴上膏药,伤口会很快风干。而贴上膏药之后,伤口就会保持湿润状态,会更快地愈合。皮肤在膏药的保护下会重新生长出来。在新皮肤生长的过程中,会出现少许伤疤。

过敏反应

实际上免疫系统只能抵御有害的入侵者，但有时它也会把一些无害的物质和危险的病原体混淆，这时人体就会出现过敏反应。比如，有些人就不能吃草莓。当他们吃草莓时，他们的免疫系统会认为草莓具有危险性，然后就会生成抗体。当他们再次吃草莓时，他们的身体就会识别出危险。这时，他们就会打喷嚏，流鼻涕，流眼泪，皮肤会发痒，有一些

人甚至会呼吸困难。这不仅十分难受，而且还异常危险，所以他们只能放弃草莓，而选择其他水果。

所有引发过敏的物质被称为过敏源。除了水果以外，家里的螨虫或动物毛发也都可能引起过敏。另外，许多人也对花粉过敏。

字母探秘

下面的字母中隐藏着芒果、鱼、坚果、牛奶和鸡蛋这5种食物的英文单词，很多人都对它们过敏，小朋友们能把它们找出来吗？小提示：有些单词的拼写是从前至后，也有些单词是从后至前。

M	A	N	G	O	L	S	V	D	P	S
T	P	K	G	E	T	R	F	I	S	H
E	U	N	U	T	S	S	E	F	B	N
H	K	L	I	M	H	Q	E	G	G	R
G	P	H	Z	C	T	N	M	V	D	B

睡觉与休息

为了恢复体力，我们的身体需要休息。我们会感到困倦，然后就会入睡。在这段时间中，我们的神经系统依然在工作。我们的心脏在跳动，肺也在呼吸，虽然非常缓慢。因为睡觉时我们不会运动，从而不需要许多能量，我们的身体就可以将多余的能量用来治愈疾病和伤口。除此之外，我们也会存储长期记忆。

我们的睡眠深度在不同阶段有所差异，有深睡眠期和浅睡眠期之分，它们交替进行。如果我们能够记起所做的梦，那么这个梦就是在浅睡眠期出现的。

梦游

梦游时，人在移动，但是意识依然处于睡眠状态。为什么有些人会梦游？至今，人们还没有找到这一问题的答案。梦游的表现形式多种多样：有些人只是到处漫步，而有些人甚至会做家务，比如熨衣服。

神奇的 身体

精神与心理

你今天感觉怎么样？你对某些事情感到生气或是感觉特别幸福吗？所有的这些感觉都属于心理。有些人认为，感觉存在于大脑中，而有些人认为，感觉存于心中，还有些人则认为感觉在肚子中。实际上，感觉看不见摸不着，也不属于我们身体的某个特定部分。但是它确实存在，因为我们知道，我们的情绪是好是坏，我们想要什么，我们不想要什么。如果我们的心理出现问题，也会影响到我们的身体。比如，经常在学校生气的孩子，有时就会因此生病。反过来，身体状况也会影响心理健康。

西格蒙德·弗洛伊德

奥地利籍医生西格蒙德·弗洛伊德早在100多年前就开始研究心理了。当心理出现问题时，人们会做什么？他对这一问题进行了深入思考。之后就出现了心理医生这一职业。心理医生试图去帮助患有心理疾病的人。治疗方法多种多样。通过对话、音乐、运动、戏剧、与动物交流等方式，心理医生会试着找出患者患病的原因，这样病人很快就会觉得有所好转。

小迷宫

克劳斯感觉不舒服，想去和他的心理医生聊聊。小朋友们能帮助他找到通往医生处的路吗？

神奇的 身体

繁殖

在每年的某一天我们都会庆祝自己的生日，也就是自己来到这个世界上的日子。那么人是怎么诞生的呢？如果想生一个小宝宝，必须要有一个男人和一个女人。

男性的外部生殖器官是阴茎。阴茎中有输尿管，通过输尿管可以将尿液排出体外。除了尿液之外，成年男性的输尿管还会排出精液。精液中含有男性的生殖细胞——精子。精子是在睾丸中形成的，通过输精管进入阴茎。男性体内每天都会产生新的精子：大约每秒1000个，而且始终如此，不分日夜。是不是很多呢？男性在与女性性交的过程中大约要释放出5亿个精子。

知识拓展

睾丸的温度通常要比其他身体部位的温度低2~5摄氏度，这是保证精子繁殖和存活的理想温度。

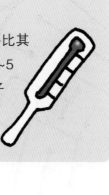

　　阴道是女性的外生殖器，与子宫相连。当女性怀孕后，胎儿就在子宫中生长发育。从外部我们只能看到阴唇，它对阴道口和向体外排尿的输尿管管口起保护作用。

　　女性性成熟后，卵巢中每个月都会有一个卵细胞成熟。卵细胞是女性的繁殖细胞。排卵后，卵细胞会通过输卵管进入子宫。如果期间遇到精子并受精，卵细胞就会植入子宫内膜。受精卵就会发育成婴儿，这时女性就怀孕了。如果卵细胞没有受精，子宫黏膜就会崩溃脱落，并伴随出血排出体外。我们把这一现象称为月经，因为每个月都会出现一次。女性的生殖器官还包括乳房，它负责为出生后的婴儿提供母乳。

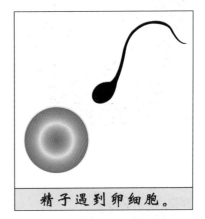

精子遇到卵细胞。

怀孕

受精卵在子宫内慢慢地发育成真正的婴儿，这一过程通常为大约40周或9个月。在怀孕最初的8周内，我们把未发育成型的婴儿叫作胚胎，从第9周到出生前，我们把它称为胎儿。胎儿逐渐具备了人形。我们从超声波图片中就已经可以看到胎儿的各个身体部位了。

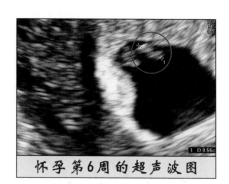

怀孕第6周的超声波图

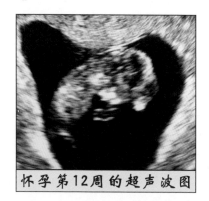

怀孕第12周的超声波图

在怀孕期间，女性的身体也在发生变化。因为胎儿的生长需要位置，所以准妈妈的子宫会逐渐变大，准妈妈的肚子也就会变得又大又圆。准妈妈的乳房也会变大，因为乳腺要开始工作了。

知识拓展

哺乳动物的**怀孕期**时间长短不一，例如金仓鼠的怀孕期只有16天，而大象妈妈从怀孕到宝宝出生的时间则长达22个月。

妈妈肚子里的小宝宝——胎儿

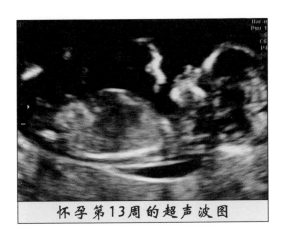

怀孕第13周的超声波图

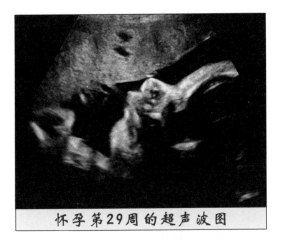

怀孕第29周的超声波图

母体中的婴儿在一个充满了羊水的水囊中发育。水囊在子宫中不断游动。生长中的婴儿通过脐带从母体中吸收养分和氧气。脐带是同胎盘连接在一起的。胎盘是女性在妊娠期形成的一个器官。婴儿出生后，胎盘也就会脱落并被排出体外。

胎儿出生时剪断带后就开始真正的呼吸了，通过强有力的呼吸可以舒展肺部。虽然在此之前它从未呼吸过，但神奇的是，它知道该如何呼吸。另外，小朋友们知道吗？剪断脐带的地方就是我们的肚脐。

你知道吗？

你知道吗？**胎儿**在母体中会**打嗝**，这是因为它被羊水呛住了。但这并不危险，因为此时的胎儿还不会呼吸，所以也不会窒息而死。

出生

当胎儿发育到足够大、足够强健有力时，就会进入分娩期。通常胎儿在子宫中都是头朝下的，这样有利于顺利分娩。伴随着分娩的阵痛，婴儿出生了。如果胎位不正，那就需要通过剖腹产手术来取出胎儿。

胎儿在母体中的9个多月里受到了很好的保护，不会感到饥饿，而且总能听到母亲的心跳声。出生后，它突然离开了温暖的母体。此时，它必须去适应母体之外那个全新的、明亮的世界。婴儿出生后，为了让它觉得一切正常，我们通常会把它抱在怀中，这样它就能听到心跳声，也就会变得安静起来。

知识拓展

有人说，古罗马时期凯撒大帝是第一个通过**剖腹产手术**来到这个世界上的人，但这可能只是后人的猜测，史料未有记载。

字母探秘

在下面的字母中隐藏着6个和出生有关的英文单词，它们分别是 BABY（婴儿）、FOETUS（胎儿）、BIRTHDAY（生日）、MOTHER（母亲）、FATHER（父亲）和CELL（细胞）。你能把它们全部找出来吗？

小提示：可以横向寻找，也可以纵向寻找，有些单词的拼写是从前至后，也有些单词是从后至前。

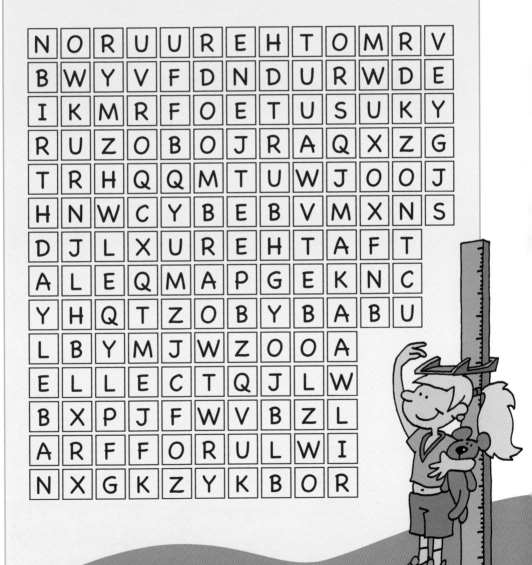

N	O	R	U	U	R	E	H	T	O	M	R	V
B	W	Y	V	F	D	N	D	U	R	W	D	E
I	K	M	R	F	O	E	T	U	S	U	K	Y
R	U	Z	O	B	O	J	R	A	Q	X	Z	G
T	R	H	Q	Q	M	T	U	W	J	O	O	J
H	N	W	C	Y	B	E	B	V	M	X	N	S
D	J	L	X	U	R	E	H	T	A	F	T
A	L	E	Q	M	A	P	G	E	K	N	C
Y	H	Q	T	Z	O	B	Y	B	A	B	U
L	B	Y	M	J	W	Z	O	O	A
E	L	L	E	C	T	Q	J	L	W
B	X	P	J	F	W	V	B	Z	L
A	R	F	F	O	R	U	L	W	I
N	X	G	K	Z	Y	K	B	O	R

遗传

曾经有人说你长得像你爸爸或妈妈吗？也许你的鼻子看起来很像你妈妈，或者眼睛和爸爸一模一样，这就是遗传。父母还会遗传给你其他特征，比如体育天赋或音乐天赋。但是为什么会这样呢？

三代人儿时的照片：儿子、母亲和外婆

遗传因子

我们的身体是由无数个小细胞构成的。如果我们将身体放大数倍，并仔细观察，就会在细胞里发现更小的组成部分——遗传因子（又称基因）。所有重要的人体信息都储存在遗传因子中，比如眼睛的颜色、身高等等。所有的这些信息分布在身体的每一个细胞中。受精之后，母体中的遗传因子就会决定受孕婴儿出生后的样子。

在细胞增多的时候，遗传因子也会随之增多，所有新增的遗传因子也明确地知道自己的任务。鼻子中的遗传因子会决定你鼻子的形状，眼睛中的遗传因子会决定你眼睛的颜色，是不是很神奇呢？

找相同

下面5幅图中有两幅是完全一样的，小朋友们能找出来吗？

双胞胎

如果受精卵一分为二（或更多），就会形成两个（或多个胚胎），这样就出现了同卵双胞胎。因为细胞中的遗传信息是一致的，所以胎儿的结构完全一样。他们看起来几乎没有差别，而且通常性别也一样。女性在受精时，体内偶然出现两个受精卵，而且同时受精，这样就会出现异卵双胞胎。他们的性别可以不同，外表看上去也不一定完全一样。

我遗传了什么特征？

男性的精子和女性的卵细胞结合之后才能孕育出新的胚胎。通过受精，胎儿可以形成

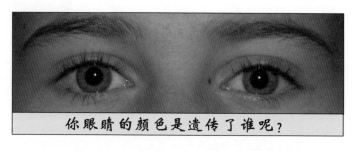

你眼睛的颜色是遗传了谁呢？

属于自己的新结构。你眼睛的颜色和你爸爸的一样还是和妈妈的一样？在遗传时，有些特征要比其他特征更强一些，比如褐色的眼睛就要比蓝色的眼睛要强一些。如果你妈妈的眼睛是褐色的，而你爸爸的眼睛是蓝色的，那么通常你眼睛的颜色通常是褐色的。但有时也不是这样的，胎儿体内决定眼睛颜色的遗传因子也可能是父母都没有的，所以你眼睛也可能是其他颜色的。是不是太复杂了？如果父母们在孩子出生前就知道孩子长什么样子，那是不是也挺无聊的呢？

大家来找茬

下面两幅图共有8处不同，小朋友们能找出来吗？

神奇的 身体

在湖边

天气炎热的时候，我们都想奔
到湖边。小朋友们在下面的图片中

发现双胞胎和三胞胎了吗？另外如果你们把图片中隐藏的字母
按照正确的顺序排列出来，也会有一个小惊喜噢！

儿童时期

实际上，我们的身体始终按照一个方式在工作，只是随着年龄的增长有一些东西发生了变化。

你知道吗？

婴儿是由母亲分泌的乳汁喂养长大的。除了人类以外，许多动物（例如狗、猫等）也是如此，所以我们把它们称为**哺乳动物**。世界上现存的哺乳动物有4000多种。

一些动物从出生那一刻开始就已经独立了。比如，狍子出生后就可以奔跑了。但是对于人类而言，刚出生的婴儿只能依靠父母，直到许多年后（通常是16到20岁）才能独立。我们的牙齿也不是一出生就完全形成的。最初的牙齿是乳牙，乳牙大概会在6岁时开始脱落，之后长出的恒牙才会伴我们一生。

最开始我们学着爬行和走路，之后我们就开始学着骑自行车、游泳、踢足球……与此同时，我们开始学习说话和揣摩他人的意思。上学之后，读书、写字和计算就成了生活的重点。这一阶段，我们不仅是身体本身在发生变化，我们的内心也逐渐变得成熟。

字母数独

请小朋友们根据大宫格内已知的字母，推理填出剩余空格内的字母，并满足大宫格（1）内每一行、每一列和每一个粗线小宫格内均含A、C、H、N、S和W，且不重复，满足大宫格（2）内每一行、每一列和每一个粗线小宫格内均含C、F、H、O、R和S，且不重复。

N					
S		H		A	
		S		C	
	S				C
			A		W
	W				A

（1）

		S		O	
R					
C				R	
	C				O
		O	S		H
	H			F	

（2）

神奇的 身体

大家来找茬

下面两幅图共有8处不同，小朋友们能找出来吗？

少年时期

孩童和成年之间的岁月就是少年时光。这段时间也是性发育成熟期。女孩子的性发育大概从10岁开始，而男孩子通常要晚两年。

在青春期刚开始时，我们的身体通常会快速成长。女孩子和男孩子的腋窝开始长出腋毛，阴部也开始出现阴毛。皮肤内的皮脂腺也开始活跃，所以不少青春期的孩子都会被青春痘所困扰。

进入青春期后，女孩子开始来月经，这是性成熟的标志，也就是说此时女孩子已经具备了生育能力。同时，女孩子的胸部也开始发育。青春期的女孩子通常皮下脂肪较多，所以看起来比较圆润。

男孩子进入青春期后也具备了生育能力，脸上开始冒出胡子，许多男孩子还开始长胸毛。除此之外，男孩子的肌肉和骨骼也要比女孩子发达一些。另外，男孩子的喉结开始凸起，同时也开始变声，声音开始变得低沉。

神奇的 身体

找相同

　　随着时间的流逝，我们在不断改变，也在逐渐变老。请小朋友们从横线下的图片中找出与横线上方图片完全一致的图片，并按年龄顺序排列代表图片的字母。

答案：

成年时期

成年人的身体结构完全发育成熟。人在20～30岁之间身体最为强壮，精力最为旺盛。成年人的身体变化要远远小于儿童和少年。

成年男子生育能力持续时间较长，但到50岁左右就会逐渐丧失这一功能。到了这个年纪，男子就停止射精了，因为睾丸中没有精子了。当然这不是一天两天的事情，通常需要持续几年，人们把这段时间称作更年期。

老年时期

有些人年纪轻轻就已经头发灰白，尽显老态；而有些人头发白得很晚，甚至不会变白。但是要注意，头发灰白并不代表步入老年!

步入老年之后，人的关节变得僵硬，骨质开始疏松易碎，肌肉也变得松弛，一些人甚至会变矮。老年人的心脏跳动也不如以前有力了，所以经常会有气喘吁吁的感觉了。另外许多老人的视力也大不如前，需要佩戴老花镜才能看清东西。

我们在年轻的时候可以采取一些措施来延缓衰老，比如保持膳食均衡、经常锻炼身体等。

死亡

死亡也是我们生命的一部分。在过去的几十年中，生活状况和医疗技术越来越好，所以现在的人们比以前更健康，也更长寿，但是百岁老人还是不多。

如果我们细心观察自然界，就会发现几乎所有的生物都是如此。有些动物的寿命比人类长，比如乌龟；而有些动物的寿命却非常短暂，比如蜉蝣，它们从出生到死亡，只有短短的几天甚至几个小时。

知识拓展

世界上**最长寿的乌龟**名叫哈里特，它一直活到176岁。1835年，伟大的生物学家查尔斯·达尔文在加拉帕戈斯群岛（又称大龟群岛）发现了它并将它带出来。那时它大概只有5岁。2006年，它在澳大利亚的一家动物园去世。

长椅上的几代人

自测考场

小朋友们，我们的人体之旅已经接近尾声了。你们掌握书中的知识了吗？不妨来自我检测一下吧！

1. 血液中的哪一个组成部分负责身体伤口的愈合？
   ☐ 白血球
   ☐ 红血球
   ☐ 血小板

2. 哪一个器官不属于感官？
   ☐ 眼睛
   ☐ 肝脏
   ☐ 耳朵

3. 人有几个肺叶？
   ☐ 1
   ☐ 2
   ☐ 3

神奇的 身体

4. 除了倾听以外，耳朵还有什么功能？
   - [ ] 感知饥饿
   - [ ] 维持平衡
   - [ ] 促进睡眠

5. 眼睛中看不见任何东西的区域叫什么？
   - [ ] 盲点
   - [ ] 盲区
   - [ ] 黑点

6. 负责逻辑思维的是哪一部分？
   - [ ] 左脑
   - [ ] 右脑

7. 确保我们远离疾病侵扰的是什么系统？
   - [ ] 神经系统
   - [ ] 内分泌系统
   - [ ] 免疫系统

8. 下面谁的心跳最快？
   - [ ] 婴儿
   - [ ] 小学生
   - [ ] 成年人

9. 在黑暗中，瞳孔会如何？
   - [ ] 缩小
   - [ ] 放大

10. 胆汁是在哪里形成的？
   - ☐ 胆囊
   - ☐ 肝脏
   - ☐ 小肠

11. 恒牙共有多少颗？
   - ☐ 28
   - ☐ 32
   - ☐ 24

12. 感知甜味的味蕾主要集中在哪里？
   - ☐ 靠近喉咙的舌根部
   - ☐ 舌尖
   - ☐ 舌头两侧

13. 下列哪种食物富含蛋白质？
   - ☐ 牛肉
   - ☐ 米饭
   - ☐ 西瓜

14. 我们面部有多少块肌肉？
   - ☐ 22
   - ☐ 24
   - ☐ 26

15. 下列关于粗纤维的哪个说法是正确的？
   - ☐ 富含营养物质
   - ☐ 有助于消化
   - ☐ 可以被身体直接吸收

108

神奇的 身体

我问你答

1. 你觉得人体中最有趣的是什么？

2. 你最喜欢的身体部位是什么？为什么？

3. 在本书中你学到新知识了吗？可以举个例子吗？

4. 你还想了解什么知识？

答案

第5页： 1-calf，2-comb，3-knee，4-mouth，5-stomach，6-brain，7-hip，8-ear，9-nose，10-arm，11-hair，12-eye，13-collar，14-button，15-chin，16-lung，17-foot，18-forehead，19-heart

第7页：

第9页： bone-骨头，hand-手，tooth-牙齿，finger-手指，body-身体

第11页： 7只

第13页： MOUTH（嘴）

第15页： 脆骨肌

第16页：

第17页： 头发

第20页： 老鼠：大约每分钟500次；兔子：大约每分钟270次；猫：大约每分钟120次；山羊：大约每分钟75次；大象：大约每分钟25次。

第23页： A型血

第27页：

S	T	O	M	A	C	H	Z	M
W	B	R	A	I	N	Z	S	L
E	L	Q	M	I	J	D	X	S
G	A	R	F	G	L	A	Y	L
F	D	Z	H	C	A	R	T	E
O	D	R	E	V	I	L	E	W
Y	E	N	D	I	K	U	L	O
Z	R	B	C	J	M	N	P	B
I	X	V	Q	N	T	G	A	S

第29页：
1=大麦，
2=燕麦，
3=水稻，
4=黑麦，
5=小麦，
6=玉米

第32—33页：

第39页： 1=EYE，2=HAIR，3=MOUTH，4=CHIN，5=ARM，6=BELLY，7=HAND，8=KNEE，9=LEG

第42页： 3

神奇的 身体

第44页： 奥勒

第49页： 线是一样长的，图形也是一样大的。

第53页：

2	6	5	1	3	4
5	1	4	3	2	6
3	4	6	2	1	5
1	5	3	6	4	2
6	2	1	4	5	3
4	3	2	5	6	1

6	4	1	5	2	3
2	1	3	4	5	6
3	5	6	2	4	1
1	2	4	6	3	5
4	6	5	3	1	2
5	3	2	1	6	4

第55页： 3×3=9，9+8=17，
17−6=11，80÷4=20，20÷5=4
4—9—11—17—20
答案：GARBAGE CAN（垃圾桶）

第57页： BANANA（香蕉），对应的味道是SWEET（甜的）。

第61页： 伊娜

第63页： 最上面一格中间的那个

第65页： E

第69页： C

第71页： 手电筒和羽毛

第72页：

第75页： G-B-F-A-H-D-C-E-I

第77页： LEMON（柠檬）

第79页： 女孩儿：从左至右分别是克拉拉、奥利维亚和荣娅；男孩儿：从左至右分别是保罗、乌尔夫和西蒙

第80页： 有8块骨头

第82页：

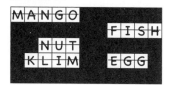

第85页： 1

第91页：

第93页： A和D

第95页：

第96—97页： TWINS（双胞胎）

第100页：

第102页： I FREN

第99页：

N	H	A	C	W	S
S	C	H	W	A	N
W	A	S	N	C	H
A	S	W	H	N	C
H	N	C	A	S	W
C	W	N	S	H	A

H	F	S	R	O	C
R	O	F	C	H	S
C	S	H	O	R	F
S	C	R	H	F	O
F	R	O	S	C	H
O	H	C	F	S	R

第105页： 1-白血球；2-肝脏；3-2；4-维持平衡；5-盲区；6-左脑；7-免疫系统；8-婴儿；9-放大；10-肝脏；11-32；12-舌尖；13-牛肉；14-26；15-有助于消化

图片来源

感谢Achim Ahlgrimm、Marcin Bruchnalski、Wolfgang Deike、Antina Deike-Muenstermann、Deike Press、Silvio Droigk、Tarian Gligor、Dieter Hermenau、Stefan Hollich、Britta van Hoorn、Peter Menne、Susanne von Poblotzki、Herbert Pohle、Dieter Stadler、Stefanie Schuler、Manfred Tophoven为本书提供图片。

北京市版权局著作合同登记 图字 01-2011-5045号

图书在版编目（CIP）数据

神奇的身体 /（德）费尔根特莱夫编著；
贾小屿译. — 北京：中国铁道出版社，2013.12
（聪明孩子提前学）
ISBN 978-7-113-17581-8

Ⅰ. ①神⋯ Ⅱ. ①费⋯ ②贾⋯ Ⅲ. ①人体—少儿读物 Ⅳ. ①R32-49

中国版本图书馆CIP数据核字（2013）第256704号

Published in its Original Edition with the title
Mein Körper: Clevere Kids. Lernen und Wissen für Kinder
by Schwager und Steinlein Verlagsgesellschaft mbH
Copyright © Schwager und Steinlein Verlagsgesellschaft mbH
This edition arranged by Himmer Winco
© for the Chinese edition: China Railway Publishing House

Himmer Winco

书　　名：聪明孩子提前学：神奇的身体
作　　者：〔德〕卡拉·费尔根特莱夫 编著
译　　者：贾小屿

策　　划：孟　萧
责任编辑：尹　倩　　　　编辑部电话：010-51873697
封面设计：蓝伽国际
责任印制：郭向伟

出版发行：中国铁道出版社（100054，北京市西城区右安门西街8号）
网　　址：http://www.tdpress.com
印　　刷：北京铭成印刷有限公司
版　　次：2013年12月第1版　　2013年12月第1次印刷
开　　本：700mm×1000mm　1/16　印张：7　字数：120千
书　　号：ISBN 978-7-113-17581-8
定　　价：78.00元（共4册）

聪明孩子提前学

发明与发现

[德]安娜·克里斯汀 编著

贾小屿 译

无敌百科+知识拓展+趣味游戏

中国铁道出版社

CHINA RAILWAY PUBLISHING HOUSE

致小读者

　　小朋友们有没有问过自己下面的问题：谁发明了汽车发动机？谁发明了电脑？文字和数字是从哪里来的？谁发现了美洲？以前没有牙膏和牙刷的时候人们是怎么刷牙的？谁发明了指南针？谁发明了洗衣机？

　　在日常生活中，我们觉得许多东西都是理所当然的，就好像它们从一开始就存在了一样，直到一些聪明而又充满好奇心的人发明了这些我们认为理所当然的东西。许多发明和发现要追溯到很久很久以前，几百年前，甚至是几千年前，而有一些则是最新成果。"打破砂锅问到底"的精神和"对一切保持好奇"的心态是成为学者和发明家必须具备的条件。

　　德国著名的物理学家、诺贝尔奖得主阿尔伯特·爱因斯坦曾经这样评价自己："我并没有什么特别的天赋，只是充满了好奇心而已。"

　　请小朋友们也拿出自己的好奇心来，和我们一同去书中了解人类所经历的那些重大发明和发现吧！

大家来找茬

小朋友们在上面的图片中可以看到两位举世闻名的科学家——阿尔伯特·爱因斯坦和玛丽亚·居里。两幅图片有8处不同，你们能找出来吗？

相互沟通

小朋友们能想象没有电话、电脑、图书、电视的生活吗？完全是令人绝望的！但是幸运的是，我们今天拥有这些东西。因为自从人类出现，他们就努力寻找机会和他人沟通、联系。

语言

如果没有语言，想向别人解释清楚自己的想法当然就会变得异常困难。婴儿就是如此，所以他们必须学习说话，当然必须有人给他们做示范才可以。但是人类最初是怎样学会说话的呢？

我们无法准确地确定语言是何时何地出现的。但是关于语言发展，如今却存在着不同的观点。我们的祖先也许最初只会像动物一样发出声响。非洲的原始语言约有10000多年的历史。语言发展进程中最重要的一步是直立行走，因为直立行走解放了我们祖先的双手，所以他们可以用手来画出符号，便于相互之间交流。

单词拼拼看

小狗奥斯卡酷爱徒步旅行。当你把下列字母按给定的顺序排列出来，你就会知道它在旅行中最害怕什么了。

答案：_____

文字

在30000多年前，人们把图画在所居住的洞穴的墙壁上。通过壁画他们向后代讲述他们的经历。很长一段时间以后，从这些图画中演变出了文字符号的雏形。在大约6000年至4000年前，中国人发明了最早的文字符号。苏美尔人——古美索不达米亚（今天的伊拉克一带）的一个民族，在大约5500年前发明了最早的图形文字。他们把各种物品的图形刻在陶土板上。从这种图形文字中逐渐演变出了所谓的楔形文字。

字母表

图形和符号逐渐演变成现在的字母表。第一个字母表出现在3300多年前的叙利亚。字母表中的每一个字母都代表一个音素，几个音素就可以构成一个单词。

你知道吗？

"字母表"一词从何而来？

我们大家都知道字母表，几乎所有的人也都学过字母表，但是它究竟是从哪里来的呢？字母表的英文单词"alphabet"拼写非常复杂。但希腊的小朋友们学习这一单词就非常简单，因为它是由希腊字母表中前两个字母的希腊文"alpha"和"beta"组合而成的。我们所使用的字母表中的字母就是从希腊字母演变而来的。

纸张

以前人们把字写在什么上面呢？答案是，最初在岩石的石壁上，然后是石头上、陶土板上、动物皮上，最后才出现了纸张。早在大约4000年前，古埃及人就发明了一种纸——也就是所谓的"莎草纸"。但真正的纸最早是出现在中国。公元100年左右，在中国就已经出现造纸技术了，当时人们在木材、秸秆、草、破布中加入水，把它们捣碎成浆糊造纸。

图书

后来人们写东西就越来越长了，并把它们记在连续的纸卷轴上。公元350年左右，希腊人和罗马人还依然使用这种卷轴。之后就出现了所谓的"手抄本"，这种书从中间对折装订。

你知道吗？

"书虫"一词从何来？

你喜欢读书吗？如果答案是肯定的，那么你就是个不折不扣的"书虫"了。这个词在18世纪就已经被大家用来形容那些热爱读书而且博览群书的人了，当然用的是引申含义。"书虫"一词的本意是指喜欢啃食干木材的甲壳虫幼虫，当它们进入人的家中后，也会钻到书中，啃食书本。所以当某人如饥似渴地扎入书堆中时，我们就会把"书虫"这个称号送给他了。

图书印刷

以前，欧洲人用羽毛笔蘸着墨水抄录图书，过程非常繁琐，因此图书价格昂贵。而如今，图书都是印刷而成的。那么图书到底是怎么印刷的呢？小朋友们见过土豆印章吗？就是把土豆从中间切开，然后在切面上刻上字或图案。只要蘸上颜料就可以把字或图案印在纸上了。几百年前的中国人就是用类似的方式进行印刷的，但是他们不是用土豆，而是用石头或木材，过程当然非常麻烦。

但在15世纪时，出现了转折：1455年，德国的金银工匠约翰·古登堡发明了一种可以将图文印在纸上的印刷机。这种印刷机的实用之处在于，印版是由单个可以移动的字块构成的，可以不断

重新拼版，从而可以很容易地形成不同的文字组合。这样就可以快速印书了，书也开始走进大众的生活中，这样一来，越多越来的人才开始有机会读书。

大家来找茬

读书是一种美妙惬意的休闲方式。

上面的两幅图片有8处不同，小朋友们能找出来吗？

报纸

古登堡发明的印刷机也为报纸的发展铺平了道路。最早出现的是印有各种新闻的传单。1605年，在斯特拉斯堡（原德国城市，后归法国）街头上出现了世界上第一份周报——《通告报》（Relation）。

打字机

第一台可证实的打字机是由意大利人佩莱里尼·图里于1808年发明的。在接下来的几年中，相继出现了其他形式的打字机。美国人卡洛斯·格利登和克里斯多弗·肖尔斯在前人的基础上进行了深入研究，并于1874年试制出第一台新式打字机，之后就开始批量生产了。

你知道吗？

盲文是由一个年轻人发明的。 广泛流传的盲文又叫"布莱尔文"，它是由一个16岁的法国少年路易·布莱尔于1825年创造出来的。在布莱尔还是个孩子的时候，他就失明了。失明后的他去了一家普通的乡村学校上学。但可惜的是，他无法像他的同学一样读书写字。这让他非常懊恼，所以他干脆发明了一种凸点构成的文字。盲人可以用手指感知凸点，拼识字母和单词。直到今天，盲文仍然被广泛使用。现在，人们甚至可以用特殊的键盘将盲文输入到打字机、电脑或手机上了。

信件

早在古希腊时期人们就开始写信了，当时信是装在袋子中传送的。信件主要是身份显赫的社会名流的专属品，普通老百姓几乎不写信，因为大部分人既不会读，也不会写。那时，鸽子也被当作信使。1490年，亚内托·冯·塔克西斯受马克西米利安一世委派，在奥地利

的因斯布鲁克和荷兰之间传送信件。塔克西斯家族由此开始负责接手邮局，他们用马车送信。邮政马车在当时（16世纪）每天要跑166千米。现在小朋友们要问了，谁来承担邮资呢？

邮票的发明使邮资由寄信人而不是收信人支付成为现实。最早的邮票是1653年由巴黎市邮局发行的，就是简单的一张纸片。这种邮票还没有粘贴面，只能用夹子固定在信件上。1840年，英国推出了可以粘贴的邮票。邮票上印有维多利亚女王的肖像，底色为黑色，面值为一便士，所以也被收藏家们称为黑便士。

电报

如果我们着急通知某人某件事，那我们应该怎么做呢？1836年，美国发明家塞约尔·摩斯突然萌发了利用不同长度和间隔时间的电流信号以及光信号来拼写单词、传递信息的念头，也就是所谓的"摩斯电码"。举一个例子：国际上用于航海的紧急呼救信号"SOS"的摩尔斯电码是"···－－－···"，也就是三短、三长、三短。物理学家古列尔莫·马可尼发明了第一部无线电报。

塞约尔·摩斯和摩斯电码

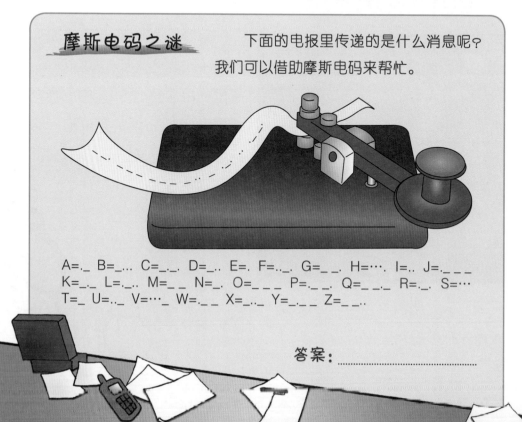

摩斯电码之谜

下面的电报里传递的是什么消息呢？我们可以借助摩斯电码来帮忙。

A=._ B=_... C=_._. D=_.. E=. F=.._. G=__. H=···· I=.. J=.___
K=_._ L=._.. M=__ N=_. O=___ P=.__. Q=__._ R=._. S=···
T=_ U=.._ V=···_ W=.__ X=_.._ Y=_.__ Z=__..

答案：

电话

电报被许多人看作电话的前身。电话的真正发明者是德国小学教师约翰·菲利普·雷斯。1861年，他在一间教室中进行了第一次电话通话。但是他当时的想法还不够成熟，所以美国人亚历山大·贝尔被视为真正的"电话之父"。贝尔是聋哑学校的老师，所以他对所有和声音相关的一切都感兴趣。1876年，贝尔为电话申请了专利。很快，电话就广受欢迎，越来越多的人都想安装一部电话。1878年，美国康涅狄格联邦州建起了第一座电话交换站。如果想和他人通电话，就可以先呼叫交换站，然后由交换站的工作人员转接对方，这样就可以通话了。

你知道吗？

小朋友们对手机都不陌生吧，但你们对手机的历史又有多少了解呢？

1973年，摩托罗拉公司的技术员马丁·库帕发明了世界上第一部民用手机。这部手机重达两磅（约为0.9千克），看起来就像一个笨重的砖块儿，售价却要近4000美元，在当时绝对算得上是一件奢侈品了。经过了几十年的发展，如今手机小巧精致，售价便宜，功能越来越多，对我们生活的影响也越来越大了。

电影

人们都喜欢故事，特别是配有图片的故事。如今，我们可以用现代化的机器，比如投影仪（小朋友们在学校里一定见过），将图片投到墙上。但是你们恐怕不知道，人们早在差不多400年前就发现了投影仪的原理。1650年左右，荷兰物理学家克里斯蒂安·惠更斯发明了所谓的"魔幻之灯"

路易·卢米埃和阿古斯特·卢米埃

（拉丁语为Laterna Magica）——最早的投影装置。人们将图画在玻璃片上，然后借助烛光将图片投影到银幕上。很快人们发现，为了创造出动画的效果，必须快速投影多张图片，就好像手翻书一样。英国摄影师爱德沃德·迈布里奇是成功将多幅动物的照片连接成电影的第一人。在观众看来，片中的动物就像真的在奔跑一样。1891年，美国人托马斯·阿尔瓦·爱迪生为活动电影放映机申请了专利。人们只需要摇动机器的手柄，电影内容就会投过目镜投到银幕上。图片投影速度极快，我们在瞬间就可以看到多幅图片，所以就出现了一种动态的效果。第一部搬上银幕与大众见面的影片是由法国人路易·卢米埃和阿古斯特·卢米埃兄弟二人拍摄的，多名演员加盟了这部影片。之后，卢米埃兄弟发明了一种可以摄像和放映的机器，并开设了世界上第一家电影院。1927年，第一部有声电影在美国与观众见面。

排顺序，讲故事

　　下面图片的顺序乱了，小朋友们能帮帮奥斯卡吗？小朋友们还可以试着将图中的故事讲给爸爸妈妈听。

谢谢啦！

正确顺序：..

字母探秘

　　下面的字母中隐藏着6个英文单词，它们分别是BOOK（图书）、TELEVISION（电视）、FLIM（电影）、RADIO（收音机）、TELEPHONE（电话）和NEWSPAPER（报纸）。小朋友们能把它们全部找出来吗？小提示：可以横向、纵向或斜向寻找。

```
        Z T S Z E
      C E Z U L D I
    T L G Q F I J C G
  N E G C W I U A F N T
E W E L Z Q Y L I L Z U E K D
I O W E B T C M J I S T L I U
N G S P Y           T I E C F
C I P H D           Y E V B Q
E I A O C           G Z I G G
G Y P N L           V W S L H
H D E E S R D E X G I H I V M
O Z R N E O A V E L J W O Q S
    Y Q A R Z D B O O K N
    N U H N P I K O M
      C P T E G O K
        O Y U T N
```

唱片

1877年，美国人托马斯·阿尔瓦·爱迪生发明了唱片机的前身——留声机。只是在爱迪生发明的留声机中，音乐不是刻在唱片上，而是刻在一个蜡质的圆筒上。圆筒边上刻有螺旋槽纹，槽纹上安装了可以振动的指针，这样就出现声音了。大约60年前，第一批塑料唱片进入市场。

CD和DVD

CD比以前那种硕大的唱片容量大多了，可以存储更多信息。30多年前，在柏林举办的一场无线电展上，CD首次亮相。很快CD就成为广受欢迎的存储媒介。但可惜的是，一张CD只能存储74分钟的音乐或视频，还不够播放一部标准长度的电影，在播放电影的过程中还需要更换CD。所以人们就开始研究如何扩大CD的存储量，于是就出现了DVD。2006年，DVD的"接班人"——蓝光DVD也问世了，它的存储量更大。

你知道吗？ CD的发明者菲利普斯最初将一张CD的播放时长定为60分钟，但当时索尼公司的社长大贺典雄请求程序员将播放时长延长到74分钟。原因很简单：大贺典雄是古典音乐的铁杆粉丝，他希望一张CD能容纳他最喜欢的曲目之一——贝多芬的《第九交响曲》，而这首曲子的时长恰好是74分钟。

收音机

1906年，音乐和声音首次通过电台传送。圣诞前夜，美国人雷吉纳德·费森登制作了首段广播节目，他演奏了一段音乐并朗诵了一段圣经。他的节目也首次实现了远距离的传送和接收。在收

音机的发明过程中，德国物理学家海因里希·赫兹发挥了非常重要的作用，因为他证实了无线电波的存在。无线电波是一种在电学反应中出现的、可以迅速发散的电磁波。但是仅有无线电波是远远不够的，只有借助天线，才可以重新收到无线电波，然后才可以转化成声音。

软线迷宫

施密特先生被搞糊涂啦！他必须把延长软线的插座接在插头上才能看电视，是A、B、C，还是D呢？

电视机

　　如今，有大量电视节目可供选择，但是以前可不是这样的。1897年，德国科学家费迪南德·布劳恩发现了电子管（也被称为"布劳恩管"），这为电视机的发明奠定了基础。最早的电视节目是由苏格兰工程师约翰·洛吉·贝尔德于1925年制作出来的。最早的电视影像是黑白的，也不是非常清楚。另外，当时的电视屏幕只有邮政卡片那么大。之后几乎再也没有出现过使用布劳恩管的电视机了。如今，平板电视是按照其他原理工作的。荧光灯管投射出光源，这些光再经过偏光板及液晶就形成了各种颜色。

电脑

电脑，又叫计算机，是一种借助特定程序处理数据的现代化机器。戈特弗里德·威廉·莱布尼茨在340多年前发明的计算机为电脑的发明奠定了基础。这种机器当时就已经可以进行四则运算了。打卡机的出现将电脑的发明又向前推进了一步。借助这种机器，我们可以存储数据。德国工程师康拉德·楚泽是

最著名的电脑研发者之一。他于1941年发明了世界上第一台可以自主编程的电脑——Z3。当时的电脑还是一个庞然大物，能占满一间房子，而它实际的工作能力才相当于我们今天所使用的小型计算器。

电脑迷宫

小朋友们能帮助伊尔米找到通向电脑的路吗？

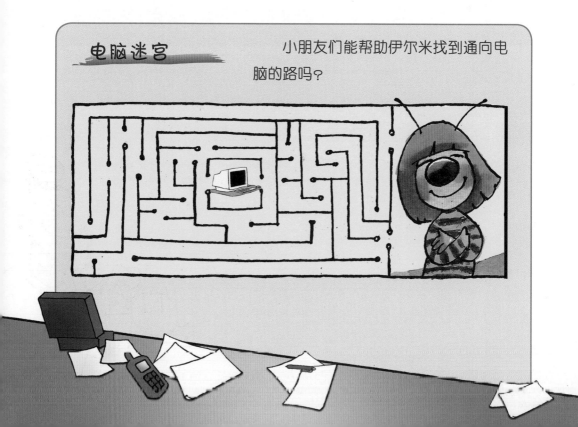

互联网

如今，我们根本就无法想象没有互联网的生活是什么样子的。我们用搜索引擎搜索信息，通过网络来了解世界，和朋友聊天。但是最初我们都不敢想象网络是什么东西。今天的互联网是1969年从一个军事项目中发展出来的。当时，美国的一个军事机构想借助计算机网络将美国的大学以及研究机构连在一起。

之后，人们不断对互联网进行研发和扩建。互联网就像蜘蛛网一样越来越大，遍及世界各个角落。互联网将越来越多的人连接在一起，也方便了数据与信息的交换，比如通过电子邮件，这是1970年前后推出的一项功能。如今我们大家能够在互联网上享受"网上冲浪"的乐趣，这还要感谢英国科学家蒂姆·伯纳斯·李。他在20多年前成功开发出世界上第一台Web服务器和Web客户机。

能源与力

现在，我们的生活非常舒适，这一切首先要归功于我们使用的能源。天黑的时候，我们会开灯；天冷的时候，我们会拧开暖气。但是在以前，所有的这一切并不是那么容易，当时的人们只能依靠大自然的力量。

火与阳光

小朋友们曾经围坐在篝火前吗？那种感觉真是好极了，温暖又舒适。几百万年前的人们也有同感。但是早期的人类没有火柴，也没有打火机来点火，他们只能依靠自然的力量。当时，只有闪电劈到干柴上，才会出现火。后来，人们发现，相互敲打石块儿或是摩擦木头时，也会产生火花。

太阳是最重要的能源来源之一。太阳不仅能够给我们提供舒适的温度，也为植物生长提供了能量。很久以前，人们就已经开始利用太阳获取能源了。在古埃及和古希腊，人们利用凹面镜和水晶来点火。古希腊时的奥运之火就是用放大镜点燃的。

除此之外，据说中国人还发现了如何用粉末点火。很久以前，中国就有火柴了。中国人也被视为世界上最早的烟火大师。

水轮

最早的水轮出现在大约3000年前的美索不达米亚，也就是现在的叙利亚、伊朗和土耳其之间。早在2000多年前，古罗马人和古希腊人就已经开始借助水的力量来磨粮食了。

俗语解读

德语里有句俗语叫"Wer zuerst kommt, mahlt zuerst"，意思是"先来者有优先权"。这句俗语中的"mahlt"一词是"磨面"的意思，因为这一俗语和磨坊确有关系，可能源于中世纪。当时，农民必须带着粮食到磨坊门口排队。谁先到，谁就自然可以第一个磨粮食了。

风磨

不仅水被用来磨粮食，风也是如此。在大约2000年前，波斯人就已经开始使用风磨加工粮食了。风磨是由轮子和固定在石头磨盘上的布帆组成的。

大家来找茬

下面的两幅图片有6处不同，小朋友们能找出来吗？

气压

　　气压的发现者是大科学家伽利略·伽利雷的学生。1630年，举世闻名的意大利自然科学家伽利略在水井旁发现，通过水泵可以将井水抽到一定的高度（大约10米），这一问题引起了他的关注。他的学生拖里拆利也参与到这一现象的研究中来，并发明了第一支简易的气压计。1654年，德国自然科学家奥托·冯·居里克通过马德堡半球实验证实了气压的存在。在实验中，他将两个半球合在一起，然后借助特殊的气泵把半球中的空气抽空。此时，两个半球紧紧压在了一起，无法分离。通过这个实验，居里克证实了，将球内的空气抽空后，球外的大气压紧紧压住了这两个半球。

眼力大考察

磁铁能够吸住多少个曲别针？小朋友们来数数吧！

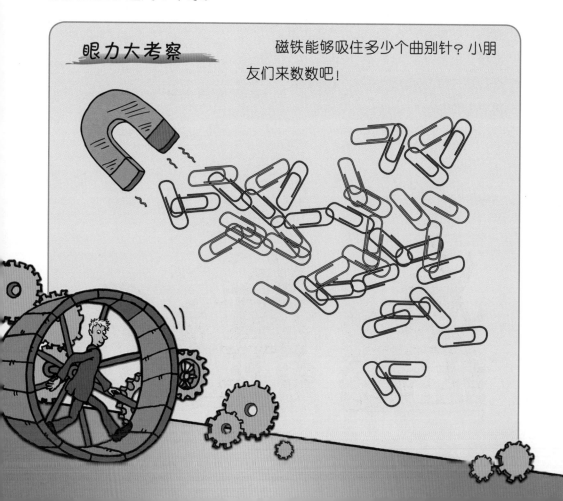

万有引力

当我们还是小孩子的时候，父母经常会把我们抛到空中，然后再接住我们，否则我们就会摔倒地上。但是我们是否问过自己：为什么会这样呢？也许小朋友已经对万有引力有所耳闻了。万有引力的作用很多，比如能够确保我们不会飞离地面，因为我们被万有引力所吸引，同样我们也一样吸引着地球。月球也一样吸引着地球，同时也被地球所吸引，所以月球就一直不停地围绕地球旋转。英国天文学家、物理学家艾萨克·牛顿爵士首次发现万有引力定律，并于大约320年前发表了相关论文。所有的这一切都源于一个苹果。当时牛顿正在苹果树下打盹儿，突然一个苹果掉下来落在了他的头上，这引起了牛顿的思考：是否存在一种力量将天体固定在宇宙中特定的位置上？

蒸汽机

1698年，英国建筑工程师托马斯·塞维利发明了蒸汽驱动的抽水泵，并申请了专利。这种抽水泵用来抽取被水淹没的矿井中的水。1712年，五金商人托马斯·纽科门造了一台带有活塞的水泵，这样一来水泵的工作效率就更高了。1765年，苏格兰机械师詹姆斯·瓦特成功改进了蒸汽机。他在原有的基础上额外增加了一个冷凝器，

詹姆斯·瓦特

使气缸（引导活塞在其中运动的圆筒）的温度不会继续升高，可以冷却下来。这样就可以节约大量能源，增加机器的动力。除此之外，他还改造了活塞，使活塞可以双向运动。改良后的蒸汽机很快就作为工厂机器和机动车的驱动器推广开来了。

蒸汽轮船

蒸汽机的发明对船舶业产生了重大影响。

1783年，法国人打造出第一艘功能完备的蒸汽轮船。但蒸汽轮船真正的创始人是美国人罗伯特·富尔顿。1807年，他驾驶他的"克莱蒙特号"——第一艘海上行驶的蒸汽轮船，从奥尔巴尼开往纽约。

电

自然界中处处都存在电。大自然中广为人知的带电现象是闪电。很长时间以来，人们都认为闪电是上帝用来惩罚人类的手段。直到18世纪，人们才发现个中缘由。1752年，美国人本杰明·富兰克林通过实验证明闪电中带有电子。在实验中，他将一把金属钥匙绑在风筝线的末端。万事俱备，只欠东风，现在就只差闪电出现了。一切就绪后，富兰克林和他

的儿子就开始在草地上放风筝了。闪电沿着潮湿的风筝线向下传导，聚集在风筝线末端的钥匙上，结果出现了火花。通过实验富兰克林证明了，闪电实际上就是由大量看不见的电子构成的。除此之外，他在实验中还发现了电流导体的存在。富兰克林不仅是发明家，还是美利坚合众国的创立者之一。直到今天，我们还可以在100美元的纸钞上看到富兰克林的形象。

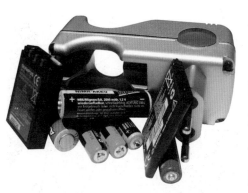

电池

　　科学家们想方设法储存电流，以供家用电器使用。1800年，意大利人亚历山德罗·伏特发明了第一块电池。为了纪念他，后人把电压的单位定为"伏特"。

灯泡

　　1879年，人类终于迎来的"光明"，具体来说，是美国人托马斯·阿尔瓦·爱迪生给人类带来了"光明"，我们会在本书的后半部分向小朋友们仔细介绍他。爱迪生研制出了第一枚可以使用的灯泡。在他之前已经有其他发明家做过类似尝试，因为原理大家众所周知：通过一根金属丝就可以导入电流，这样一来金属丝会立刻发

热升温，然后发光。经过多年研究和无数实验，爱迪生在1881年的巴黎国际电学产品展览会上向激动的公众展示了他的发明。

公共供电

如果没有电流，灯泡就一无所用了，所以托马斯·阿尔瓦·爱迪生决定，建立公共供电网络。1882年，他在纽约成立的第一所中央电厂投入使用，之后电流就走进了千家万户。

插头迷宫

还有比下雨天舒舒服服窝在沙发中看书打发时间更美好的事吗？当然，奥斯卡还需要一盏灯。我们把几号插头插到插座里落地灯才会亮呢？

放射性元素

自然界中的所有物质都是由不同的基本元素，也就是所谓的原子构成的。有一些原子并不像其他原子一样稳定：它们在自身或其他辅助作用下会分裂成多个部分，在这一过程中会出现其他一些更稳定的原子。在裂变的过程中会产生热量和我们称之为射线的东西。放射性元素是由法国物理学家安东尼·亨利·贝克勒尔于1896年借助铀发现的，所以后人把测量放射性活度的单位定为"贝克勒尔"（Bq）。但在放射性元素研究领域真正著名的是法国物理学家居里夫妇——玛丽·居里和皮埃尔·居里。

原子之谜

下面哪一个原子模型和其他3个不同？

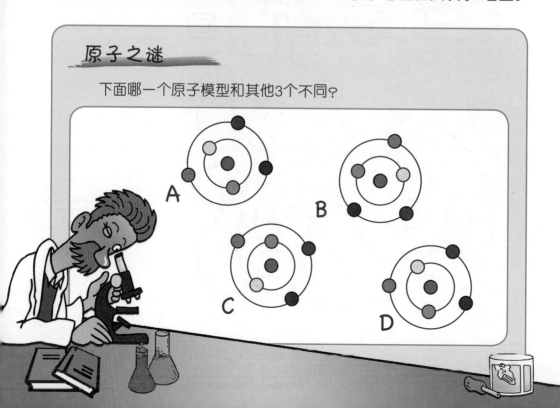

核能

　　小朋友们一定知道，我们所使用的电很大一部分都是来自核电厂。在那里，技术人员通过人工方法使原子核发生裂变，原子核在裂变的过程中就释放出许多能量。这些能量可以用来发电，但是这一过程却非常危险，因为会出现对人体有害的放射性射线。1938年，德国化学家奥托·哈恩发现了原子核裂变。1954年，第一家核电厂在苏联建成。许多人都反对使用核能，他们认为通过核裂变的方法获取能源过于危险，而且对环境也有危害。小朋友们也许听说过切尔诺贝利核灾难了。1986年4月26日，切尔诺贝利核电站发生泄漏和爆炸，事故中散发出大量高辐射物质，许多人在事故中遇难。

可再生能源

　　因为原子能并不安全，所以长期以来人们一直热衷于研究寻找其他能源。比如，通过太阳能电池获取太阳能就是一种对环境无害的能源获取方式。如今，我们也用风车发电。

移动

我们每天乘坐公共汽车或地铁前往学校，或开车去上班；我们骑着自行车或乘飞机去度假。我们每天使用的这些现代化交通工具出现的时间其实并不长。那么，以前的人们是怎么行进的呢？

我们的祖先在几百万年前学会直立行走时，还没有轮子或其他交通工具。当时的人们只能步行到达其他地方，长途跋涉对他们而言是一件耗时而又辛苦的事。

船

古埃及时期船的模型

8000多年前，人们就开始使用树桩在河中顺流而下；后来人们把树桩中间掏空，坐到里面；再后来人们搭建木质框架，并将兽皮绷在木架上建造小船，或者用芦苇管作为造船材料。

很快，人们发现风可以推动船前行，所以就在船上扎起兽皮来收集风，帆船就是这么被发明出来的。再之后就出现了蒸汽轮船、内燃机动力船、核动力船、电力推进船等。

轮子和马车

　　有一些东西会在地面上滚动，受此启发，人类最重要的一项发明——轮子诞生了！轮子为什么如此重要呢？原因很简单，因为我们使用的绝大多数机器运行时都需要轮子或轮状部件的支持，甚至电脑和手表也不例外。轮子首先可以实现人和货物的运输。我们所熟知的所有交通工具，比如自行车、小汽车、公共汽车、地铁，甚至飞机离开轮子都不能运行。轮子是何时何地发明的，我们不得而知。关于轮子最古老的图片大约有5000年的历史了，它来自美索不达米亚，也就是今天的伊拉克地区。图中所画的是一辆有轴有轮的车。

　　起初，车是由牛来拉动的，后来才开始用马来代替。早在4300多年前，亚洲就已经开始将马作为家畜饲养。马作为拉车动物很快就获得极高的地位，而相比较之下，马很久之后才被人们用作坐骑。在中世纪，马车始终是最重要的交通工具，直到人们发明了铁路和汽车。人们乘着马车四处旅游，信件和邮件也是靠马车运送分发的。

你知道吗？

　　马镫也能决定生死。1000多年前，马镫出现在如今的乌克兰地区。它不仅仅能够方便人们上下马背，在战争中也发挥了重要作用。

　　通过马镫，骑士可以更稳更牢地坐在马鞍中，从而可以更好地保护自己。

大家来找茬

下面两幅老爷车的图片乍看上去完全一样，但是它们有10处不同，小朋友们能找出来吗？

潜水艇

很久以前，人们就开始思考，如
何在水下前行。1620年前后，荷兰
人科内利斯·德内贝尔发明了第一艘
人力驱动的潜水艇。潜水艇船身为木
质，外面裹了一层浸过油的动物皮。

早期潜水艇的结构

桥梁

人们不仅在寻找水下航行的方法，也在寻找水上通行的方法。
1779年，英国人亚伯拉罕·达比建造了世界上第一座铁桥。这在当时绝
对是爆炸性新闻，因为当时建造桥梁常用的材料是石头和木材。千百
年来，桥梁的作用就在于使人们能方便迅速地通过河面和湖面。

你知道吗？

德国汉堡的桥比威尼斯还要多。小朋友
们一定看见过威尼斯的图片。威尼斯有许多
河道，也就是所谓的运河。游客们坐在威尼斯特有的小划艇——
贡多拉上环城观光。除此之外，威尼斯还有许多桥。但德国北部城
市汉堡与威尼斯相比是有过之而无不及。汉堡有2500多座桥，所以
它也是欧洲桥梁最多的城市。

热气球

人们早已占领了陆地和水域，现在就只差天空了。早在几百年前，发明家们就梦想能够飞上天空，并为此进行了多次鲁莽的尝试：他们把"翅膀"绑在胳膊上，然后从高塔上跳下。

列奥纳多·达芬奇

意大利全能天才列奥纳多·达芬奇在500多年前也绘制出了模仿鸟类飞行的飞行器。直到1783年第一个载人飞行器才飞到空中，但勇敢的飞行员不是人，而是一只公鸡、一只鸭子和一只羊。法国人约瑟夫·孟戈菲尔和艾丁尼·孟戈菲尔两兄弟把它们放入他们制造的热气球中。这三位勇者在空中飞行一圈之后平安回到地面上。

自行车

1817年，德国人卡尔·弗里德里希·德赖斯骑着他自己发明的自行车进行了第一次试行。这个名叫"Draisine（自行木马）"的

卡尔·弗里德里希·德赖斯

家伙看起来和现在的自行车大相径庭，连脚踏板都没有。直到1867年，

法国人皮埃尔·米肖在巴黎博览会上向公众展示了带有脚踏板的双轮车。1885年，出现了所谓的"Rover-Rad"，看起来和我们现在自行车已经所差无几了。

排顺序，讲故事

请小朋友们按照正确顺序排列下面的图片，并试着讲给爸爸妈妈听！

答案：..

火车

东方快车——著名的列车

很久以前，人们就有了让车在轨道上行驶的想法了。起初，车是由马拉动的。1804年，英国发明家理查·特里维西克发明出第一台在轨道上行驶的蒸汽机车，但是它非常重，以至于把铁轨都压坏了。所以1825年才真正被视为铁路的诞生年。在同一年，蒸汽机车"旅行者号"在英国城市斯托克顿和达林顿之间完成了自己的首次旅行，它也是首辆由人驾驶的火车。它是由英国工程师乔治·斯蒂芬逊和他的儿子罗伯特·斯蒂芬逊建造的。1829年，斯蒂芬逊父子二人又研发出名为"火箭号"的蒸汽机车，该车的速度达到每小时45千米。你也许觉得这个速度并不是很快，但在当时却引起了极大轰动。斯蒂芬逊把他发明的蒸汽机车卖到世界各地，当然也包括德国。德国的第一列蒸汽机车叫"神鹰号"。1835年，它开始在纽伦堡和菲尔特之间运行。

地铁

不久之后，列车就开始在地下运行了。因为伦敦的交通状况越来越糟糕，所以人们决定建一条地下铁路线。1863年，世界上第一条地铁线路——大都会铁路开通。这条线路位于街道下面的隧道中。

电力机车

我们今天所熟知的列车不再是由蒸汽机车，而是由电力机车或内燃机车牵引的。1879年，德国工程师维尔纳·冯·西门子在柏林造出了第一辆靠电力牵引的电力机车。两年之后，西门子在柏林造出了第一辆电力轻轨列车。

眼力大考验

图片里有多少个箱子和包？

汽车

人们试着将蒸汽机车作为启动装置用于其他的车上，但是可惜的是蒸汽机车又大又笨重。1876年，德国工程师尼古拉斯·奥托发明出了第一台四冲程发动机，也叫奥托发动机。这种发动机最初用作驱动工厂里的机器。很快之后就有发明家想到，将其用于车中。1885年，德国工程师卡尔·本茨研发出第一

鲁道尔夫·狄塞尔和他发明的发动机

辆由汽油发动机驱动的汽车。这辆车有3个轮子，但是没有方向盘。它的速度可以达到每小时18千米，这在当时已经很快了！工程师戈特利布·戴姆勒仔细琢磨如何改进奥托发明的发动机，并在1886年把改进后的发动机安装在一架马车上，第一辆戴姆勒汽车就此诞生！

你知道吗？

汽车的大获成功与流水作业线的引入有一定关系。

1908年，美国汽车制造商亨利·福特想到一个好主意——在组装汽车时使用流水作业线。在流水作业线上，汽车的各个零部件逐渐被组装在一起，所以在生产同一车型汽车时就能大大节约成本。福特公司推出的第一款车——T车型，20年间累计销量超过1500万辆，创下了传奇纪录。

飞机

汽油发动机的出现不仅使地面交通取得了巨大进步。1903年12月17日，奥维尔·莱特驾驶动力飞机飞离地面，这是人类历史上的第一次。这架名为"飞行者"的飞机是由奥维尔和他的兄弟维尔伯·莱特共同研发的。这一切看起来颇具冒险色彩：飞行员并不是坐在机舱中，而是直接坐在机翼上，真是勇气可嘉啊！

奥托·李林塔尔——为人类插上飞翔的翅膀

现代飞机的驾驶舱

比莱特兄弟更有勇气的是德国机械师奥托·李林塔尔，他也被莱特兄弟一直视为偶像和榜样。他常年致力于研究鸟类飞行。1891年，他乘着滑翔机首次在空中翱翔。他的飞行试验非常成功，因为他的滑翔机飞出了好几百米。

喷气式飞机冲破音障时，我们会听到一声巨响，因为飞机的速度快于声速。喷气式飞机的推进装置是由英国人弗兰克·惠特尔发明的。1930年，他制造出第一台喷气机推进装置，并申请了专利。

云团迷宫　你能帮小狐狸找回它的模型小飞机吗?

火箭

简单火箭其实很早以前就有了。1230年左右，中国人就已经用火药造出了第一枚火箭——就像我们在新年之夜燃放的烟花一样。1555年，罗马尼亚锡比乌的上空升起了欧洲的第一枚火箭。1926年，美国人罗伯特·高达德制造并发射了世界上第一枚由液态燃料驱动的火箭。虽然这枚火箭升入空中的高度只有13米，但却为之后研究火箭结构提供了构想。德国物理学家维纳·冯·布劳恩是研究火箭的知名学者之一，曾于第二次世界大战期间为德国军方负责火箭研发工作。战争结束后，他帮助美国人研发运载火箭。

卫星

借助火箭，我们也能将卫星送入太空。1957年10月4日，苏联发射了第一颗人造卫星——斯普特尼克1号，它看起来像一个浑身长刺的大圆球。在晴朗的夜晚，我们甚至可以肉眼看到天上的卫星。它们围绕地球旋转，拍摄地球表面的图片并搜集科学信息，比如天气信息。电视节目的转播和通信信号的转发也是通过卫星实现的，我们称这种卫星为通信卫星。

空间飞行

1957年苏联发射的卫星斯普特尼克2号首次将生物——一只名为莱卡的小狗带到了太空中。不久之后，人类也实现了遨游太空的梦想。1961年4月12日，苏联宇航员尤里·加加林乘"东方号"宇宙飞船环球飞行成功，成为进入太空第一人。在完成伟大的环球航行之后，加加林安然无恙地返回地面。1969年7月21日又是一个让世人屏住呼吸的日子。这一天，数百万名观众紧盯着电视机屏幕：美国宇航员尼尔·阿姆斯特朗登上月球，成为人类踏月第一人。他说："对于个人来说，这是小小的一步，但对于人类而言，这是一个巨大的飞跃。"

飞船迷宫

哪条路是通向宇宙飞船的路呢？

工具、机器和材料

一直以来，人类都善于发明创造。他们始终都在寻找机会使自己的生活更美好，所以一直不断地发明新的工具、机器和材料，再用它们加工和制造其他东西。

人类最早使用的工具都是源于大自然，比如用树枝从树洞里掏甲虫，用石块砸碎食物等等。石器时代，名副其实，因为这一时期的工具主要是由石头制成的，当然也有用木头和动物的角制成的工具。当时的许多工具都与我们现在使用的工具形状所差无几。

手斧

很长时间以来，手斧都是人们最常使用的工具之一。我们的祖先将石头打磨出锋利棱角，从而可以用它们来切肉或加工处理其他材料，这就是最早的手斧。这项发明可能要追溯到能人了，他们是生活在距今180多万年前的古人类。之后，人们将锋利的手斧和木头结合在了一起，逐渐发明出锤子、斧子等工具。

弓和箭

在远古的洞穴壁画上，我们能看到手持弓箭追逐猎物的人。弓箭到底是什么时候发明的？这一问题很难回答。最古老的弓是在德国境内发现的，距今大约有8000年的历史。但是有一点可以肯定的是，人们很久以前就已经发明了弓箭。最早的弓可能是用红木杉的木料制成的，最早的箭则是用锋利的骨头或石料制成的。弓箭的发明意义重大，因为它们使人们在可视范围内更容易捕捉到猎物。

农业

早期人类以打猎和采集为生，以从大自然中获取的肉类、坚果和果实为食。当他们在某一个地方再也找不到食物时，就会离开这里。我们称他们为游牧民族。直到大约

12000年前，人类才开始定居生活，也就是说他们开始在固定的地方生活。他们开始种植各种作物，饲养牲畜，这也是农业的起源。大约7000年前，第一架犁问世了。

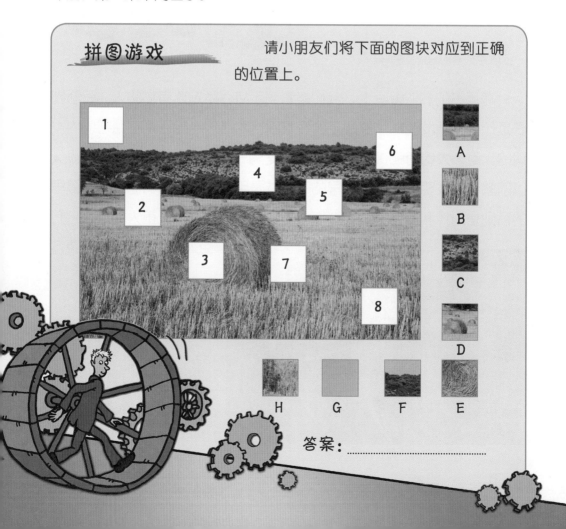

拼图游戏　　　请小朋友们将下面的图块对应到正确的位置上。

答案：..

金属

金属的发现和使用是人类历史上重要的一步。金属逐渐取代石头成为制作工具最主要的材料，所以人们用金属的名字来对石器时代之后的年代进行命名，比如"青铜时代"、"铁器时代"。黄铜可能是人们最早发现的金属了。大约在10000年前，人们就开始使用它了。之后出现了其他的金属，比如锡、黄金和白银。大约4000年前，人们开始熔合不同的金属，比如黄铜和锌。通过这种方式可以炼制出一种合金——青铜，它比纯黄铜更为坚硬，抗压能力也更强。大约3200年前，欧洲进入了铁器时代，人们第一次可以从铁矿石中提取铁并用铁制造工具和武器。

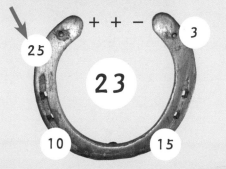

马蹄铁之谜

请小朋友们按照箭头指示方向将两个"+"和一个"−"放在马蹄铁上的四个数字之间，最后得出中间的数字——23。

+ + −

25　　3

23

10　　15

俗语解读

德语里有句俗语叫"mehrere Eisen im Feuer haben"，意思是"两手准备，确保万无一失"。其中"Eisen"一词是铁的意思，因为这一俗语最早源于铸铁领域。以前铁匠铸铁时总是在火里同时放几个铁块儿，因为这样可以节省时间。当他加工完一个铁块儿后，可以直接从火里取出另外一个铁块儿，从而大大节省了时间。

车床

不仅在金属加工领域出现了重大进步，在木材加工领域人们也研发出了新的工具。大约5000年前，在今天的希腊一带出现了最早的车床。人们可以借助车床上的绳索和锋利的刀刃切割木材等材料。

刀

刀片的出现取代了金属。最早的刀片出现在中东地区，材质是铜，可以用来切肉。但当时的人们在用餐时很少会用到刀，因为很长时间以来他们都是用手指吃饭的。直到18世纪，使用刀叉用餐才逐渐推广开来。

锯子

大约5000年前，古埃及人就开始使用锯子来切分木材和石料。如今，我们从金字塔上还可以看到当时埃及人使用锯子的痕迹。

螺丝

我们经常会用到螺丝固定物品，但是最早螺丝却是别有他用。最早运用螺丝原理的是古希腊数学家阿基米德，他在水管中安装了一个螺旋状的部件，从而可以将水运送到高处。这一装置也就以其发明者的名字来命名——阿基米德螺旋机。古罗马人也将木质螺丝作为酒瓶塞或油瓶塞。直到中世纪才出现了首个金属螺丝。

建筑材料

古埃及人在建金字塔时就已经用石灰岩作为建筑材料了。最早的灰浆也是以石灰为基础的：大约2000年前，古罗马人将烧制过的石灰、水、碎石子和砂子搅拌成一种类似水泥的材料。古罗马的水利建筑水管桥以及著名建筑万圣庙的穹顶就是用这种材料建成的。

宝拉的秘密

海豹宝拉正在锯木头，为即将到来的冬天做准备。如果小朋友们将木段上的单词组成正确的词组，就知道宝拉在冬天都会做些什么了。

答案：

滑轮组

直到今天，人们还在使用滑轮组来提升重物，比如在卸载货船时。据猜测，早在数百年前人们就已经开始使用简易滑轮组了。很多人都认为，滑轮组是由古希腊科学家阿基米德发明的。现在，许多施工吊车就是按照这一原理工作的。

老鼠电梯

小朋友们按照图中箭头方向转动手柄，装有小老鼠的电梯是往上升还是向下降呢？

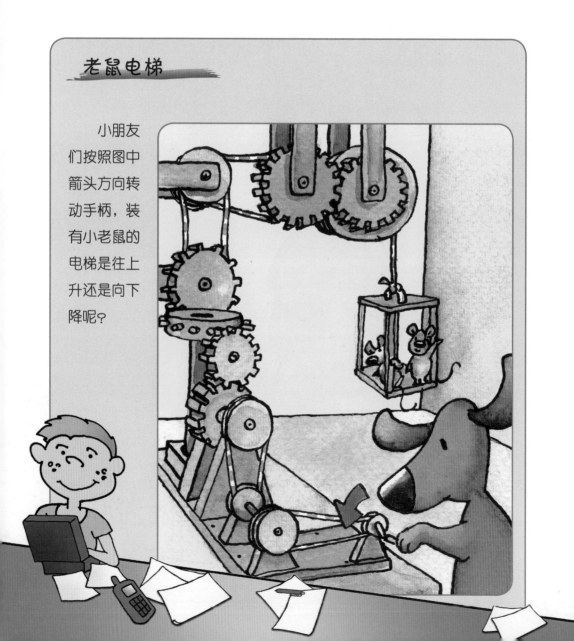

纺织机

为了将羊毛或植物纤维织成布料，我们必须先将它们纺成线。这就需要用羊毛梳子将羊毛拉松，然后慢慢地将蓬松的羊毛纺成线，这一过程我们称为纺线。据推测，最早的纺车出现在几千年前的亚洲。古罗马人也曾使用过纺车。1764年，英国人詹姆斯·哈格里夫斯发明了纺织机，并以他女儿的名字"珍妮"为其命名。

织布机

据推测，早在10000多年前就有简易织布机了，但当时是简单的木结构。1785年，英国牧师爱德蒙特·卡特莱特发明出第一台可以投入使用的机械织布机。起初这种织布机是人力驱动的，之后卡特莱特不断进行改进，最后为其安装了蒸汽驱动系统。这也是工业革命得名的原因之一，因为蒸汽驱动的织布机使衣服和布料的批量工业生产成为可能。

织布机旁的女工

你知道吗？

小朋友们知道"**工业革命**"这一说法从何而来吗？18世纪，人们发明了许多新机器：先是蒸汽机，然后是纺织机，之后又是织布机，这些机器无一不改变了工厂中工人的工作方式。一些之前必须手工完成的工作现在由机器完成。产品生产的速度大大加快。但同时，很多人也因为机器的投入使用而失去了工作。人们将这一系列的变化称为工业革命。

橡胶

当欧洲人在南美第一次接触到橡胶时，并没有对它产生特别的兴趣。亚马逊流域的居民从橡胶树汁中提取出物质，生产出非常有用的东西，比如防水的雨鞋。但当时根本没有可能将这种橡胶运往欧洲，因为液态的橡胶一旦凝结成坨，就不再柔软具有弹性。直到1839年，化学家查尔斯·固特异成功地研究出一种可以将固态橡胶恢复弹性的方法。而如今，"固特异"也成为一个汽车轮胎品牌。

塑料

现在我们几乎可以用塑料生产一切东西：洗发水瓶、电灯开关、收音机外壳，甚至是电话或时尚饰品。第一种全人工合成的塑料是由比利时化学家里奥·汉里克·贝克里特于1907年发明的。全人工合成是指在生产塑料的过程中只使用人工材料。在此之前，人们生产塑料时，会在天然材料（比如石油）的基础上加入人工材料，这也就是我们所说的半合成塑料。

你知道吗？

石器时代的人们就已经开始嚼"口香糖"了。我们的祖先们尝试咀嚼各种东西，比如桦木胶，咀嚼起来甘甜可口。在古希腊罗马时期，最受欢迎的"口香糖"是黄连树的树脂。

肥料

在农业生产过程中，一直以来人们都想方设法加快农作物的生长。千百年来，人们将动物的粪便，甚至是人的粪便洒在田间。粪便虽然有些恶心，但实际上对农作物生长很有帮助。从19世纪开始，人们开始使用草灰和石灰作为肥料。1840年前后，德国化学家尤斯图斯·冯·里比希通过研究发现，磷酸盐、氮和钙能对农作物生长起到积极的作用。

炸药

我们在前面就已经说过，中国人是名副其实的火药大师。他们在很久以前就发明了一种可以击中敌人的火药，当时的蒙古人就使用过这种火药。1847年，身为医生，同时也是化学家的意大利人索布雷诺发明了炸药——硝酸甘油。因为这种炸药爆炸威力极强，可因震动而引发爆炸，所以造成了多起意外爆炸事故。瑞典化学家阿尔弗雷德·诺贝尔继续研究炸药，研制出了硝化甘油。同时他也是诺贝尔奖的设立人。他之所以设立这一奖项，也许是因为在发明了硝化甘油之后目睹了这一发明带来的太多不幸。

机器人

如果有一种机器能将我们从体力劳动中解放出来，比如打扫房间、洗碗、做家务等等，这是不是一件很棒的事呢？很久以前人们就开始梦想能有这么一种机器。1740年左右，法国人

雅克·德沃康松发明了一只会自动"嘎嘎"叫的鸭子，这只鸭子甚至会吃谷粒。直到1921年人们才开始使用"机器人"一词，这个词源自一部剧作。第一个用于工业的机器人名叫"尤尼曼特机械手"，它是美国人乔治·德沃尔于1954年申请专利的产品。如今，几乎在大型工业企业中我们都可以看到机器人的身影。

激光

当我们听到"激光"一词时，也许会联想到科幻电影里的激光剑。其实在日常生活中我们几乎每天都能用到激光，比如CD播放器。激光可以将光转化成高能量的光束，甚至可以用来切割金属。1960年，美国物理学家哈罗德·梅曼研制出第一台激光器。

火眼金星 　　　　　　下面5个机器人中有两个是完全相同的，小朋友们能把它们找出来吗？

宇宙大滑梯

几号通道可以通向地球？

宇宙和时间

宇宙之大，难以想象，也许目前我们只发现了其中极小的一部分。虽然我们已经对其中的一些行星有所了解，但是谁知道还有没有其他更多的行星呢？宇宙大约有1300万年的历史了。据推测，宇宙是在所谓的原始大爆炸中产生的。

行星

宇宙中存在着许多星系，多得不计其数，银河系就是其中之一。我们的太阳系又是银河系的一员。太阳系中有我们所熟悉的太阳，有围绕太阳旋转的8颗行星——水星、木星、金星、土星、火星、天王星、海王星以及我们的地球，此外还有小行星、陨石和彗星。夜晚，我们从地球上用肉眼就可以看到金星、火星、水星、土星和木星。它们看起来要比大多数恒

星更为明亮，所以早在几千年前就被人们发现了。可以肯定的是，早在古希腊罗马时期它们就已经广为人知了。当时，人们将行星视为神灵。如今行星所使用的名称均来自古希腊罗马时期的神话。直到18世纪和19世纪人们才发现了天王星和海王星。

日历

　　每年我们都会过生日。我们清楚地知道生日是在哪一周的哪一天，因为一看日历就一目了然了。但日历并不是自古就有的。当然，以前人们只会区分日夜、每个月的不同阶段和不同的季节，但他们还不能清楚地区分每个时

365天+5小时58分

间段。最早的日历出现在大约5000年前的古巴比伦。它以农历为准，也就是说，从满月之日到下一个满月之日为一个月。

　　古埃及人以公历为准，以公历年代替农历年。他们将一年分为12个月，每个月为30天，最后再加上5天，这样一年就正好有365天了。当时，人们就已经知道，地球围绕太阳旋转一周大约需要365天。

　　古罗马人也是以公历为准。古罗马大帝尤里乌斯·凯撒坚信，每个月不是30天就是31天。当时的天文学家也已经确定，公历年不是整365天，而是365.25天，所以每四年就会出现一个闰年，也就是会比正常年（365天）多出一天。这种日历被称作尤利安历法。在接下来的几百年中，这种日历都未曾有过变化，但后来人们发现，之前的人们并没有计算出公历年的准确持续时间。1582年，教皇格列高十三世修改了原有的历法。为了使历法更为准确，他从1582年的10月份中剔除了10天，然后规定，不用再每隔一段时间就考虑闰年的问题了。这样就出现了格列高历法，现在世界上很多地方的人们仍在使用这种历法。

钟表

现在几点了？多简单呀！只要看一眼表不就知道了吗？但你知道吗？我们所熟悉的表存在的时间并不长。起初，人们是根据星星、月亮和太阳的变化来确定时间的。比如，日晷就是根据太阳的影子来测定时间的。日晷的出现也标志着人类社会从古巴比伦时期进入了古希腊时期。但是日晷只能在有太阳的情况下使用。后来人们发明了其他的方法测定时间，比如看特定容器中的水或沙子多久可以漏完，或者看一支蜡烛多久能燃烧完。水漏钟出现在大约3400年前，而沙漏钟出现在公元1300年左右。13世纪，人们发明了机械齿轮表。1510年左右，德国锁匠彼得·海莱恩发明出了弹簧驱动的怀表。1657年，荷兰自然科学家克里斯蒂安·惠更斯发明出了第一座摆钟。如今甚至出现了原子钟，它连续运行20亿年最多出现1秒的误差。

火眼金星　　哪两只钟表是完全一样的？

指南针

早期的航海员在航海时主要靠太阳、月亮和星星来在茫茫大海上辨认方向。直到古希腊罗马时期，人们才发明出了一种仪器——指南针，它可以使人们在海上更容易定位。大约2500年前，古希腊人制造出了简易指南针。大约950年前，中国人发明出了所谓的水罗盘，它靠磁针在水面上游动来指明方向。我们今天所使用的指南针通常被认为是由生活在1300年前后的意大利人弗拉维奥·比安多发明的。后来，人们还在指南针上安装了罗经刻度盘，有了它人们就可以很方便辨出方向。指南针的工作原理如下：磁针的箭头始终指向北方，因为它受地球磁场的影响。通过这种方式，人们就可以确定自己的方位。另外，也有不需要磁场定位就可以确定方向的指南针。

透镜望远镜、望远镜和眼镜

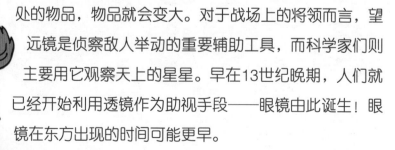

直到17世纪初，天文学家们还没有望远镜可以用，因为它是1608年由荷兰眼镜匠汉斯·利普塞尔发明并由意大利自然科学家伽利略·伽利雷进行改进的。利普塞尔发现，如果透过两块间距适中的透镜观察远处的物品，物品就会变大。对于战场上的将领而言，望远镜是侦察敌人举动的重要辅助工具，而科学家们则主要用它观察天上的星星。早在13世纪晚期，人们就已经开始利用透镜作为助视手段——眼镜由此诞生！眼镜在东方出现的时间可能更早。

地图

我们很难确定世界上第一张地图是什么时候出现的。早在石器时代，人们就已经将周围的地形画在沙子或墙壁上。详细展示地形情况的最古老的壁画可能出现在今天的土耳其一带，时间大约是8200年前。大约3000年前，古巴比伦人就已经开始在陶板上勾刻地图。在古希腊罗马时期，人们对地理学的兴趣不断高涨。在这一阶段，地理学被视为科学。学者们不仅绘制了周边小范围的地图，还绘制出整个世界的地图，或者更确切地说他们所知道的全部地区的地图。据说，第一张世界地图是天文学家阿那克西曼德·冯·米勒特在大约2500年前绘制的。

地球仪

现今保存的最古老的地球仪是1492年由来自德国纽伦堡的商人马丁·贝海姆制作的。贝海姆将制成的地球仪起了个可爱的名字——"Erdapfel"，翻译成中文就是"地球苹果"。在这个地球仪上，我们还看不到与它同一时期被发现的美洲。16世纪，德国数学家盖哈特·墨卡托因制作地球仪和绘制地图而闻名于世。他的大名甚至传到了中东一带。

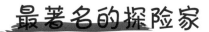

最著名的探险家

13世纪末，航海家们止不住探险的脚步。他们充满了探险的欲望，总想发现新的大陆。这也与欧洲商人的小发现有些关系。他们发现，在遥远的东方，特别是在印度和中国，总能买到各种珍贵的商品。这些商品主要是欧洲所没有的香料。但是通往亚洲的路途艰难而又漫长。所以之后，那些勇敢而又大胆的探险家们为发现世界的秘密开始了艰苦卓绝的漫漫征程。

马可·波罗——环游中国

威尼斯人马可·波罗是最早一批游历遥远东方的欧洲人之一。他的游记成为欧洲中世纪最富盛名的文学作品之一。在游记中，他提到了他的中国之行。1271年，当马可·波罗随同父亲尼古拉·波罗及叔父玛窦·波罗启程前往中

国时，他只有16岁。他的父亲和叔父都是商人，为了珠宝、丝绸和香料生意，曾于10多年前到过中国。他们与当时中国的统治者——忽必烈大汗建立了联系，后来也将马可·波罗引荐给忽必烈。在接下来24年里多次的商务旅行中，马克·波罗逐渐对中国及其邻国有了越来越多的认识。

克里斯托弗·哥伦布——发现美洲大陆

克里斯托弗·哥伦布是15世纪著名的探险家之一。他是意大利人，却生活在葡萄牙。他想证明，通过大西洋也能到达印度。那个时候，在大西洋上只能沿着非洲西海岸向南行驶。当时人们猜测地球是一个圆球，所以哥伦布认为，如果一直向西航行，就一定能够到达印度。这在他看来是完全合乎逻辑的。他说服了当时的西班牙女王伊莎贝拉及女王的丈夫费尔迪南支持他的探险计划。

1492年8月3日，哥伦布带领由三艘船组成的船队从西班牙出发。1492年10月12日，当船队发现大陆时，哥伦布满怀喜悦地认为自己已经到达了印度，所以他将那里的土著居民称为印第安人。直到1506年哥伦布去世，他都不知道自己发现了一个新的大洲——美洲。

哥伦布拼图之谜

小朋友们能找出拼图中所缺的部分吗？

克里斯托弗·哥伦布并不是到达美洲大陆的第一人。在他之前，已经有其他的欧洲人到过那里，他们就是北欧海盗维京人。公元980年左右，北欧维京人艾利克在格陵兰岛登陆，并在那里定居。他的儿子埃里克松也向格陵兰岛航行，并从那里继续探险之旅。公元1000年左右，埃里克松带领他的船队在纽芬兰岛登陆。维京人也是最早踏上美洲大陆的欧洲人。

瓦斯科·达伽马——环游好望角

葡萄牙航海家瓦斯科·达伽马也想通过海路到达印度，但是他选择了一条和克里斯托弗·哥伦布不同的路线。当时的葡萄牙国王伊曼纽尔委托他，环绕非洲找一条可以迅速通往印度的商路。1497年，达伽马带领他的船队从里斯本出发，沿着非洲海岸航行。他成为环游风暴汹涌的好望角的第一人，并于1498年在印度西海岸登陆。在那里他的船载满珍贵的香料，沿着原路，重新返回故乡。

瓦斯科·达伽马的路线

费迪南德·麦哲伦——环游世界第一人

1519年，葡萄牙人费迪南德·麦哲伦开始了一次漫长的冒险之旅。他想成为第一个环游世界的人，找到亚洲的香料群岛。他带领船队在塞维利亚启程，向南美洲的方向航行。在那里，他们发现了一个当时还不为人知、可以穿行的海湾，并以麦哲伦的名字为海峡命名。最后船队到达了菲律宾。1522年，这支船队在失去麦哲伦的情况下回到了西班牙的港口，因为麦哲伦在同土著居民的斗争中身亡。麦哲伦的这次航行证明了地球是一个球体，这是不可辩驳的事实。

帆船之谜

下面的6幅图片两两相同，小朋友们能找出来吗？

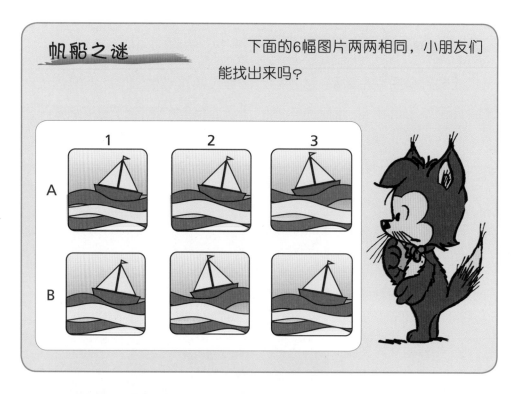

詹姆斯·库克——考察各大洋

英国人詹姆斯·库克是历史上最著名的航海家之一。他一共进行过3次探险航行（主要是在太平洋上），其中有许多重大发现。第一次航行时，他以寻找当时尚不为人知的南方大陆为目的。当时的人们坚信，这块神秘的大陆一定存在于某个地方。1770年，库克在返回的途中登上了澳大利亚东部海岸，他也是第一位来到这里的欧洲人。

你知道吗？

我们的许多食物都源于其他大洲。土豆泥、浇着番茄酱的意大利面和一块美味的巧克力，都是我们无法放弃的东西。但是你知道吗？这些食物或它们所用的配料都是从遥远的国度运来欧洲的，比如西红柿和土豆是源于南美洲的作物，它们直到16世纪初期才被运到欧洲。

异类大搜捕

图中的哪一种食物和其他不是一类的？

分鱼之谜

企鹅们正在分鱼，如果讲求公平原则，那么每只企鹅能分到几只鱼呢？

亚历山大·冯·洪堡——全能天才

德国自然科学家亚历山大·冯·洪堡是一位名副其实的全能天才，或者更准确地说，是一位无所不知的学者。他从来不满足于只研究一项学科。他对所有的学科领域都非常感兴趣，比如物理、化学、生物、天文以及其他。1799年至1804年之间，洪堡致力于研究中美洲和南美洲。他参加了一支美洲探险队，花了5年的时间游历了如今的哥伦比亚、厄瓜多尔、秘鲁、古巴和墨西哥等国。他将自己的所见所闻全部记录下来留给后人，并将所有的研究成果编写成《宇宙》一书。在他之后，著名的洪堡学派也开始广为人知，甚至有一种企鹅也开始以"洪堡"命名的。

戴维·利文斯顿——维多利亚瀑布的发现者

孩童时期的肖特·戴维·利文斯顿就梦想着有一天能够环游世界。作为一个小商贩的儿子，利文斯顿10岁起就被迫去一家棉花加工厂工作。但后来他还是坚持上完了中学，并开始学习医学。身为医生的他加入了伦敦传道会，并于1840年被派往南非。对他而言，陌生的非洲大地远比伦敦传道会的工作有吸引力。他从南非一路北行，于1851年到达赞比西河上游。后来他还多次前往南非探险，直到发现赞比西瀑布。为了纪念当时的英国女王维多利亚，他将该瀑布命名为维多利亚瀑布。

日常生活

每天，我们都从大大小小的发明中获益，它们使我们的生活变得轻松而又美好。我们用玻璃杯喝水，在裤子上装上拉链，用各种各样厨房电器准备一日三餐。我们无法想象没有这些发明的生活会是什么样子。

陶器

我们的祖先早在10000多年前就认识到，陶土具有塑性，用火煅烧之后会变硬，从而可以用来制作存放食物的陶罐和盘子。最初的陶器较为粗糙、易碎。直到几千年后，也就是大约5500年前，人们才发明出烧制陶器的火窑。火窑中的高温可以使陶器更为坚固。大概在同一时期，人们也制作并使用陶工旋盘。此时的陶制品不仅仅可以作为容器，同时也不乏精美之至的艺术品。人们用天然颜料在陶器上勾画、点缀。目前发现的最古老彩绘陶器来自于土耳其，距今有8500多年的历史。

瓷器

谁发明了瓷器？当然是中国人。他们在公元7世纪左右就已经掌握了制作瓷器的工艺。14世纪瓷器产品进入欧洲后，在很长一段时间里，欧洲人都认为，瓷器是将白色贝壳的表面打磨精细后得到的。在威尼斯这种白色贝壳的名字是"porcelle"，所以欧洲人就把瓷制品称为"porcellana"，意思就是"贝壳制品"。欧洲人用了好几百年的时间才发现了其中的秘密。1708年德国小城迈森开始生产瓷器。

玻璃

许多东西的发现都源于偶然，玻璃也许就是如此。把沙子、石灰岩和木灰按照一定比例混合，然后加热就可以得到玻璃。很久以前，玻璃就被用来制作锋利的工具。据推测，早在4500年前左右，生活在美索不达米亚地区的人们就已经了解玻璃这种材料了。但是真正批量生产玻璃制品的是埃及人。目前出土的最古老的玻璃文物是约有3500年历史的小玻璃珠和玻璃托盘。

暖气

古罗马时期，人们就已经开始千方百计地想办法在取暖的同时保持清洁舒适。大约2000年前，他们就研发出了第一部中央暖气。其工作原理如下：暖气室中的空气被加热，并通过地下管道通往待加热的房间中，所以古罗马人的脚部总是暖暖的。后来人们就开始把陶制管道安装在墙壁中，它可以向上传导热量。1716年，瑞典人马腾·特里夫瓦特在英格兰的一间温室中安装了第一部使用热水工作的新式中央暖气。后来，一些富人也在家中安装了暖气。而对于普通老百姓来说，置办暖气还是过于昂贵了。

冬天比较健康的室内温度是20摄氏度。我们可以定期把窗户打开5分钟左右，使房间通风透气，从而保持室内温度适中。

俗语解读

德语中有句俗语叫"kalte Füsse bekommen"，意思是"本来要做某事，但是后来因害怕而放弃了"。其中"kalte Füsse"的一词是"冰凉的脚"的意思，这和"因害怕而放弃"有什么关系呢？据说，这一俗语源于赌博。以前在德国赌博是被明令禁止的，所以人们就在黑暗的地下室中偷偷摸摸进行。当赌徒们离开赌场时，就会说自己手脚冰凉，后来"kalte Füsse bekommen"这一短语就引申为"本来要做某事，但是后来因害怕而放弃了"。

厕所

　　大约4500年前，古希腊人就应该已经发明了世界上第一套排水系统。古罗马人进一步完善了这套系统。大约2200年前，古罗马甚至建造了公共浴池、能够冲水的厕所，并发明了水龙头。但可惜的是，这些发明在中世纪却渐渐被人们所遗忘。当时，在欧洲中部的许多地区，人们或者在野外解手，或者直接把粪便倒在大街上。那么我们不仅要问一句："人们怎么能忍受这种恶臭呢？"15世纪，伦敦终于建成了第一个公共厕所。但这种厕所里往往是人声一片，并不安静，因为它可以同时容纳近130人。1775年，英国发明家亚历山大·卡明斯发明了冲水马桶。这种马桶配有一个弯的排水管，与现在的马桶非常相似。

牙刷

　　你每天至少刷两次牙，是吧？当然是这样啦，因为你想保持牙齿健康。我们今天所用的人工毛丝牙刷直到1950年才出现。但在牙刷出现以前的日子里，人们也尝试保持牙齿清洁。大约5500年前，埃及人通过咀嚼一种树枝来清洁牙齿。其他一些民族也用小树枝或动物毛发制成的小刷子来刷牙。在500多年前，中国人就已经把猪鬃固定在竹管中当做牙刷使用。另外，如果你没有牙刷，但是手头上正好有苹果，这也不错，因为苹果也能起到清洁牙齿的作用。

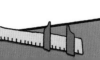

冷冻、保存

很久以前人们就开始尝试把食物保存得更长久一些，比如通过干燥、烟熏或腌制等方式。19世纪初，一名法国面包师想出了将食物放在隔绝空气的密封容器中加热进而保存食物的方法。但当时他使用的仍然是玻璃瓶。直到1810年，英国商人彼得·杜兰德才想出用锡铁罐代替玻璃瓶保存食物的方法。

此外，冷藏也能够延长食物的保存时间。早在几千年前，人们就已经知道这一秘密了，只是当时采冰比较困难。在古希腊罗马时期，人们有一个小窍门：从高山上取来冰块儿和积雪，并将它们埋入地下，它们在地下的融化速度会慢一些。直到19世纪，人们才开始尝试制作冰箱。1876年，德国工程师卡尔·保罗·冯·林德研制出世界上第一台制冰机。

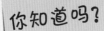

你知道吗？

2000多年前的人们就已经吃上了冰淇淋。
据推测，冰淇淋最早出现在中国。为了制作冰淇淋，人们从高山上取来冰块儿和积雪，并混入果汁和香料。古罗马人为了使冰淇淋口感更好，还在其中加入了蜂蜜。

单词大转盘

请小朋友们按照箭头指示的方向将转盘内的英文单词补充完整。

小提示：这3样东西都是制作冰淇淋必不可少的材料！

答案：

....

....

....

摄影技术

照相机的出现或多或少和暗箱的发明有些关系。暗箱是一个密封箱，一面有小孔，可以透光。如果小孔对着的一面是半透明的（比如磨砂玻璃），那么我们就会在那里看到箱外景物的倒影。暗箱的历史要追溯到古希腊罗马时期了。

1826年，法国人约瑟夫·涅普斯想到了一个了不起的主意。他将一块涂有感光化学药剂的锡板放入暗箱中，并将暗箱放在窗外。8个小时之后，他将锡板取出，世界上第一张相片由此诞生！之后，巴黎画师路易·雅克·达盖尔对摄影技术进行了进一步的改进。1830年，他首次成功发明了使用摄影术。使用这一技术几分钟内就可以得到清晰的照片。他将这一技术称为达盖尔摄影术（又名"银版摄影术"）。第一台单反照相机是1861年诞生的。

烹饪与家务

直到19世纪，人们还是在火堆或简易炉上煮饭。1859年，美国人乔治·辛普森终于对煮饭时产生的浓烟忍无可忍了，就对原有的简易炉进行改造，形成了煤炉。后来他又在板材中安装了电线，通电后板材就会加热——最早的电炉由此诞生！

小朋友们在家也要洗碗吗？或者你们很幸运，只要把脏盘子脏碗扔到洗碗机里，就万事大吉了。洗碗机这种实用的机器是美国人约瑟芬·戈林于1886年发明的。洗碗机配有一个碗筐，我们把用过的餐具放到里面即可。接下来碗筐中就会注满掺有洗涤液的热水。洗涤泵不断注入清水，从而保证将餐具彻底清洗干净。

现在请小朋友们设想一下用嘴吸入灰尘。当然我们肯定不会这么做！但是英国工程师休伯特·布斯就曾这么尝试过，并由此得出吸尘器的灵感。他将一块毛巾蒙在嘴前，吸家具上的灰尘。他成功了！灰尘被吸附在毛巾上了。1901年，布斯将第一台真空吸尘泵推向市场。

打开门，放入要洗的衣服，然后关上门，按按钮，洗衣机就开始运转了！我们今天洗衣服就是这么简单。但以前人们只能手洗衣服，非常费力。1767年，来自德国累根斯堡的牧师雅克布·克里斯蒂安在非常偶然的情况下发明了洗衣机。他原本是想发明一种搅拌纸浆的机器，结果机缘巧合发明出了洗衣机。1906年，第一台电力驱动的洗衣机问世了。

发明

发现

厨房眼力大考察　　厨房里隐藏着15种电器，
小朋友们能找出来吗？

医药与健康

小朋友们对医生肯定不陌生吧！医生会定期为我们检查身体，并确定我们的身体是否健康。除此之外，当我们生病或受伤时，医

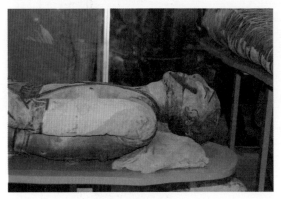

生也会为我们提供帮助。胳膊骨折或流行性感冒在今天看来根本不是问题，不费吹灰之力很快就能治愈。但在过去，类似骨折或感冒的小病却有致命的危险。

自从地球上有了生命，疾病也就开始出现。比如，研究者认为恐龙就曾饱受风湿病的折磨。最早的人类也未能免受病痛的伤害。在对几百年前的木乃伊进行研究的过程中，专家证实了多种常见疾病的存在。

另外，很长时间以来人们都认为疾病是神灵对人类的一种惩罚或是恶灵对人类的诅咒，所以最早的医生都是由所谓的萨满（巫师）来担任的。他们通过施法来驱逐恶灵。当然，他们也了解一些草药的功效，并用它们来治病。

最早的手术

过去，人们不仅借助施法和草药来治病，甚至还会进行手术。研究者在现在的伊拉克地区发现了一具缺少一只胳膊的原始人遗骸。这只胳膊也许是在一次事故中严重受损。研究者推测当时伤者可能接受了截肢手术。这也许算得上是人类医学史上的第一台手术了。

针灸

中国人被视为针灸的发明者。所谓针灸，就是将细针刺入身体某些部位。中国人大约在3000年前就开始使用这一方法来减缓病痛。17世纪末，针灸漂洋过海来到了欧洲。针灸可以用于治疗多种疾病，比如偏头疼或一些我们难以解释的持久性病痛。如今也有很多人为了戒烟或减肥而采用针灸治疗。

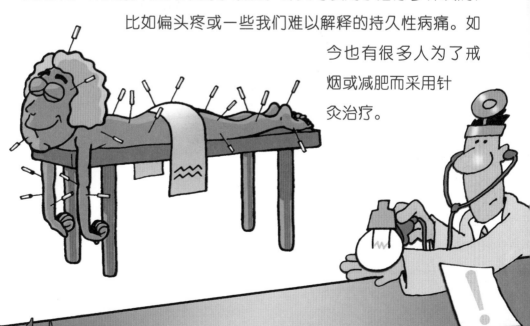

发明

发现

大家来找茬

上面两幅图共有8处不同，小朋友们

能找出来吗？

显微镜

小朋友们曾经用放大镜看过东西吗？放大镜下的一切都显得大了好几倍。其实人们早就发现了这一现象，并在进行细致观察时使用球形透镜。第一款显微镜效果不如人意，因为当时使用的玻璃镜片并不是很清晰。直到荷兰人安东尼·冯·列文虎克出现，这一境况才有所改变。经他打磨的镜片品质优良，透过镜片甚至可以清楚地看到口腔黏膜上的细菌。

你知道吗？

当我们生病了，必须得去看医生，请医生为我们检查。大多数情况下，医生会为我们开药，这些药品可以在药房买到。也就是说，医生会给我们出具一张处方。而以前在欧洲，医生不会在处方单上写出病人所需的药品，而是亲自前往药房抓药。抓药时，他们会用小木棍指着所需的药材。欧洲最早的药剂师都是由僧侣来担任的。直到13世纪，德国才出现了第一家城镇药房。

体温计

早在16世纪时，人们就已经开始用温度计来测量气温了。意大利科学家伽利略·伽利雷发明的温度计应该是世界上第一只温度计。而用温度计来测量体温则是意大利医生散克托留斯在1625年想到的主意。在世界上许多国家，温度的计量单位都是摄氏度。这一单位是根据瑞士科学

家安德斯·摄尔修斯（18世纪）的名字命名的。除了摄氏度以外，还有其他测量温度的单位，比如华氏度，这是以其发明者德国物理学家加布里尔·丹尼尔·华伦海的名字命名的。美国使用的就是华氏度。

听诊器

大约在200年前，医生在为了检查病人心脏和呼吸状况时，必须把耳朵紧贴在病人身体上。而现在医生就不需要这样做了，因为有了听诊器。小朋友们在医生那里一定见过它。最早的听诊器是一根简易的空心木管，是由法国医生雷纳·雷内克于1816年发明的。

英文充电站

请将图中序号对应的英文单词填入下面的方格中。

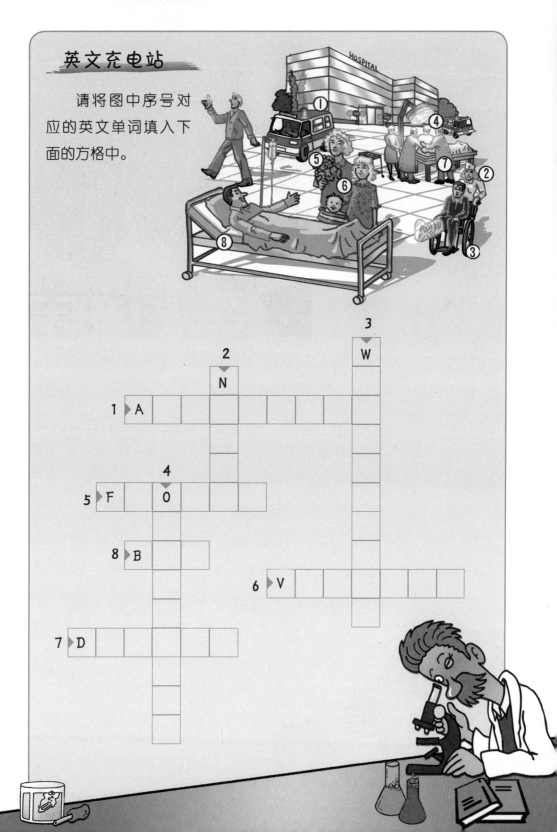

预防和治疗

如果我们想远离传染病，就应该注射疫苗。不管是天花、麻疹、白喉，还是小儿麻痹症，这些对许多人而言是重症、甚至有致命危险的疾病，目前都已经有相应的疫苗了。

说到疫苗，我们最应该感谢的人是英格兰乡村医生爱德华·詹纳。1796年，他研制出世界上第一支有效对抗天花的疫苗。经过观察，他发现，如果人传染上牛痘（牛痘本身对人而言没有什么危险），就再也不会患天花病，也就是说牛痘病毒从某种程度上保护了人们。这一认识使爱德华萌生了一个大胆的念头：他给一个小男孩儿注射了从牛痘脓疱中提取出的物质。而结果是，这个男孩儿再也没有得过天花。他的身体中有了天花抗体，因此也就不会患上天花病。

接下来几年中研制出的其他疫苗也是同样的原理，比如破伤风疫苗、白喉疫苗等，这些病在19世纪曾夺走了许多孩子的生命。1890年，德国细菌学家埃米尔·阿道夫·冯·贝林发明了一种药剂，之后又发明了一种对抗可怕疾病的疫苗，此后他就被视为孩子们的大救星。

麻醉

直到200多年前，患者在接受医生治疗（比如拔牙）时，还不得不忍受着疼痛。为了减轻疼痛感，患者会大量饮酒。19世纪初，这一切出现了转折：1800年左右，英国化学家汉弗莱·戴维爵士通过无数次试验发现了笑气具有镇痛作用。1844年，美国牙医霍勒斯·韦尔斯首次在手术中使用笑气。

眼力大考察

下面图中哪种东西出现的频率最高？

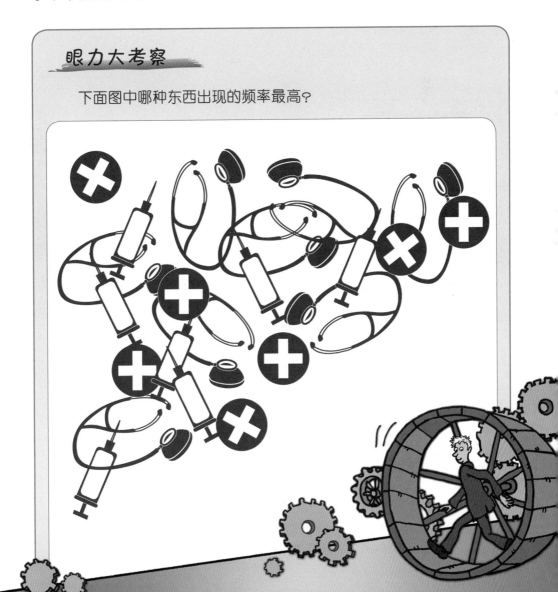

注射

没有哪一个人喜欢打针，许多人甚至对针头有一种恐惧。注射器很久之前就有了，但当时的注射器并不像我们现在看到的这样。当时的医生通过简易针头将液体药剂注射到患者的皮肤内。1844年，爱尔兰医生弗朗西斯·赖恩发明了可以注射针剂的空心针头，此后这种空心针头又与活塞相连。

消毒

在很久以前，即便是简单的小手术也危险重重。那时，医生在诊治患者的过程中，使用的是同一器械，也不会洗手消毒。这样一来，在大家不知情的情况下许多疾病就会在患者之间相互传染。1865年，英国外科医生约瑟夫·李斯特为了杀死细菌，首次对自己的手、手术室中的器械、患者的伤口和绷带进行消毒。正是因为这样，死于感染的人大大减少。消毒这一行为也逐渐受到推行。

X光

　　小朋友们可能听说过，人们在受到外伤之后通常需要照X光，也就是说用所谓的X光射线照射身体，来找出骨折或受伤的地方。这种射线是德国物理学家威廉·康拉德·伦琴在偶然的情况下发现的，他将它命名为X射线。X光片是一种可以反映身体内部情况的照片。X光射线穿过身体，身体中较为坚硬的部分，比如骨头，看起来就要比软组织明显。当他将他的发现公之于众后，很快这种射线就开始应用于医学的多个领域中。

超声波

　　我们想要查看体内的详情不仅可以借助X光射线，还有一种可能——超声波。1942年，奥地利医生卡尔·杜西克首次将这种方法用于医学领域。他借助超声波对大脑进行研究。超声波也会用来对孕妇进行身体检查，首次成功应用是在1955年。如果我们的妈妈在我们出生前曾照过超声波，那我们也可能是某张超声波图的主人公噢！

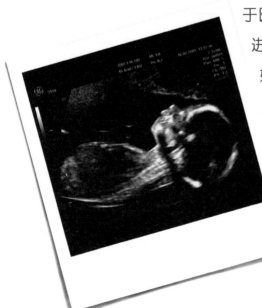
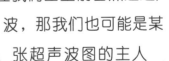

阿司匹林

　　小朋友们一定听说过阿司匹林这种药物，它主要是用来缓解疼痛的。阿司匹林中包含的有效成分最初是从草中提炼出来的。德国化学家、药剂师费利克斯·霍夫曼于1897年首次人工合成出阿司匹林中的有效成分。

盘尼西林

　　像盘尼西林一类的抗生素是用来治疗传染病的药物，它们通过杀死能够引发疾病的危险细菌来起作用。盘尼西林是由英国细菌学家亚历山大·弗莱明于1928年发现的。他本来是想研究细菌，但由于疏忽，使培育的细菌周围长出霉菌，霉菌杀死了培养皿中的部分细菌。之后人们才想到有目的地使用霉菌来治疗疾病。

DNA(脱氧核糖核酸)

　　很久以来，人们一直在探索我们身体的秘密，比如18世纪时科学家就提出了遗传的理论。如今，我们都知道每个人都有属于自己的基因。基因决定了我们的性别、眼睛和头发的颜色、身高以及许多其他东西。美国研究者詹姆士·沃森和弗朗西斯·克里克于1953年破译了包含我们基因的遗传物质——DNA的结构。DNA是脱氧核糖核酸英文单词"deoxyribonucleic acid"的缩写。

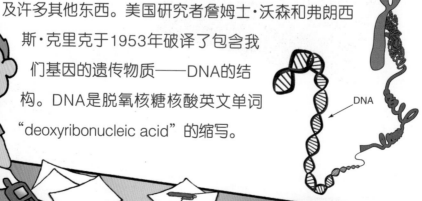

染色体

DNA

克隆

小朋友们听说过多利吗？多利也许是世界上最富盛名的羊了，因为它是另外一只羊的克隆体，1996年来到这个世界。多利不是自然繁殖出来的，而是诞生于一个实验室：它是克隆出来的。在克隆的过程中，工作人员将另外一只羊的遗传物质添加到一个细胞中，并将这个细胞移植到代孕的母羊体内。几个月后，这只代孕羊妈妈就生下了一只健康的小羊——多利！

眼力大考察

小羊马克思被克隆了。小朋友们能帮助它找出它的克隆体吗？

A

B

C

D

眼力大考察

下面的8幅图两两相同，
小朋友们能找出来吗？

A

B

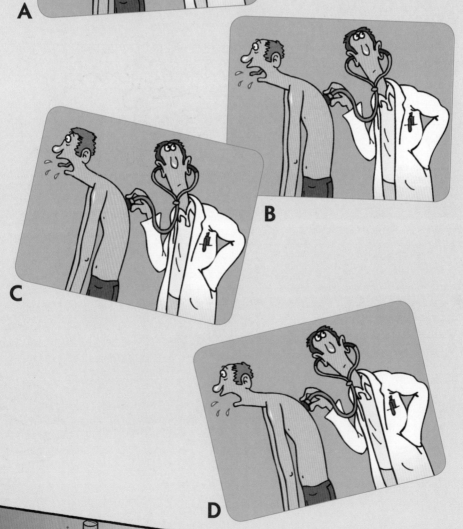

C

D

答案：

....

....

....

....

E

F

G

H

贸易与货币

如果我们想买东西，就需要钱。这是一个非常简单的道理。但是我们也可以以物换物，比如用泰迪熊来换一个新足球，用一袋小熊糖换一袋薯片。几千年来，贸易也是按照这一原则来进行的。但是有的时候进行起来非常麻烦，比如有人想用一头奶牛换一只羊，因为这两种动物的价值并不相等，相差较大。所以人们开始思考是否其他的办法解决这一问题，于是确定了某种具有一定价值而且人人认可的东西，然后用这种东西进行商品交换，这种东西可以是贝壳、珍珠、黄金或白银。这种东西人们还可以用物品交换回来，就好像我们今天所使用的钱一样。据推测，最早的硬币出现在2600多年前的吕底亚（现在的土耳其）。纸币是稍晚一些时候才出现的。中国人是最早使用纸币的人。欧洲最早的纸币是由一位瑞典银行家印刷的，并于1661年发行流通。

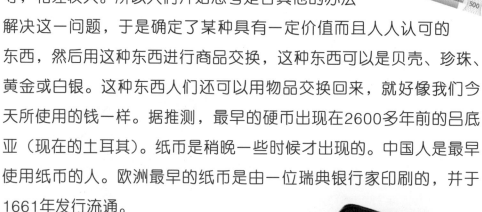

伊尔米买东西

　　小蜜蜂伊尔米去为妈妈买东西。妈妈给了它15欧元，买完东西剩下的钱它可以自己留着。它买了60g奶酪（1欧元15g）、2.5欧元的巧克力、4欧元的奶油和一把2.5欧元的牙刷。它还有多少钱可以放到自己的储蓄罐里呢？

俗语解读

　　德语中有一句俗语叫"Geld auf den Kopf hauen"，意思是肆意挥霍金钱。这句俗语中的"Kopf"一词是头的意思，挥霍金钱和头有什么关系呢？大多数硬币的一面刻着面值，而另一面刻着图案，图案通常是一些名人的肖像。其实在中世纪时就是如此了。当时人们用硬币付钱时，通常都会把刻有面值的一面朝上，印有头像的一面朝下。后来人们就用"Geld auf den Kopf hauen"表示肆意挥霍金钱的意思。

宝拉的小钱包

	🇩🇰	🇨🇦	🇨🇭	🇬🇧
货币	1,00	1,00	1,00	1,00
欧元	0,10	0,74	0,60	1,44

宝拉的手里有一些外币,它想把它们兑换成欧元,它能兑换出多少欧元呢?

数字

苏美尔人在大约5000年前就发明了一套计数系统。他们使用这套计数系统和楔形文字记录发生的重要事件。古埃及人设计了许多伟大的建筑，比如金字塔，由此可见他们也是计算能手。我们今天计算所使用的数字大约在2500年前才出现，是由古印度人发明，并由阿拉伯人带入西班牙而传入欧洲的，所以也被称为阿拉伯数字。德国到15世纪时才开始推广使用阿拉伯数字，而之前人们则使用罗马数字。罗马数字由字母排列组成，如今几乎不再使用了。

数字"0"

不管怎么说，数字"0"都是一个神奇的发明，因为它表示一无所有。尽管如此，数字"0"也是数学家最为巧妙的发明之一，因为没有它我们就无法表示许多较大的数字，比如100、1000等。数字"0"最早是由古印度人发明的，至今已有1800多年的历史了。

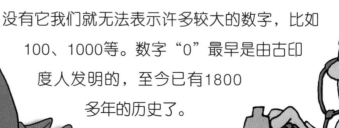

秤

早在几千年前，人们就开始琢磨，如何确定某一样东西的重量，比如粮食或者金属。这一点非常重要，因为人们在进行物物交换时需要进行计算。大约6000年前，苏美尔人发明了一种简易秤——梁秤。

算盘

数字的出现解决了贸易商品买卖过程中出现的不少难题，但是想把所有的数据加在一起也不是件容易的事。直到算盘出现，这一状况才有所改观。大约在5000年前，中国人发明了所谓的算盘，也有人说是古巴比伦人发明的。这是一种最古老，也是最简易的累加计数工具。它由一个木框和几根穿着珠子的木棍组成。珠子分别代表个、十、百、千。

证券交易所

以前，人们聚集在集市上买卖商品，就像现在有些地方赶集一样。但对某些商品交易而言，就存在困难了，比如大宗货物交易。所以商贩们就开始思考，如何以一种虚拟的方式将货物带到买主处。答案就是利用有价证券，也就是所谓的汇票。汇票上会标明商品的名称和数量。1409年，世界上第一家证券交易所在比利时的布鲁日开门营业。

字母探秘

下面的字母中隐藏着6个英文单词，它们分别是MONEY（钱）、BUY（购买）、MATHEMATICS（数学）、COIN（硬币）、SCALE（秤）和PAY（支付），小朋友们能把它们全部找出来吗？小提示：可以横向寻找，也可以斜向寻找。

```
Y G S B I W M Y E D
I N R B U Y W G U U
O M E X O D Y N H Q
L B A Z K E I J A T
K M E T N R R Q N D W T W A
P B B I H E X S C A L E F W
Z G S Q N E U B E N W O V L
P A Y V L K M O N E Y I F J
P X H G H P A A K X P Q G U
X F L L M L W U T G E L D Y
      E I F A F I D B S E
      Q N U F A E C O I N
      A X O B Y G N S K S
      D N A T S N E G E G
```

游戏和娱乐

并不是所有的发明和发现都有极大的技术价值，有些就是给人们带来快乐。如果没有它们，我们的生活也许有时会相当无聊。

足球

自古以来球类运动就非常受欢迎。我们的祖先用稻草、皮革或其他天然材料制成各种球，或用手投掷，或用脚踢。早在约5000年前，中国就出现了类似于足球的一种游戏。这项游戏最初是用来训练士兵的。后来才在希腊和罗马出现了早期的足球运动。通常英国被视为现代足球的发源地，1000多年前那里的人们就开始踢球了。

单词大转盘

左边的图中隐藏着足球术语"决赛"的英文单词，每一部分里都含有该单词的一个字母。首字母已经用红线圈出，请按照箭头指示的方向寻找。

滑雪

滑雪和跳台滑雪是源自斯堪的纳维亚地区的运动项目。但是最初人们并不是为了乐趣而滑雪的，而是将滑雪当作一种在大雪中如履平地的方法。他们将木板绑在鞋子下面，在银色的雪地中穿梭。世界上最古老的滑雪板是在瑞典的一片沼泽中发现的：它长达110厘米，应该有超过4000年的历史了。

网球

最早的网球球拍实际上是几个无聊的法国人的手掌。他们为了打发时间发明了一种名为"Jeu de Paume"（法语，意思为手掌游戏）的游戏，这种游戏被视为网球运动的前身。那时起，人们就开始在场地中央拉起球网，并在球网两侧击球。公元1400年左右，人们开始使用我们今天所熟悉的球拍。

拼图

拼图对我们来说毫不陌生，这是一种由若干张小图块儿拼成一幅完整图片的游戏。拼图游戏是由一名印刷工人在1763年发明的。他将一幅英国地图粘在一块木板上，然后沿着各郡县的边缘精确地把地图切割成小块。玩家的任务就是，把它们重新拼成一幅完整的地图。

轮滑

1760年，比利时音乐家让·约瑟夫·梅林受邀参加英国皇室举办的节日舞会并要在舞会上演奏小提琴。为了给大家留下深刻的印象，他想了一个特别的主意：他在鞋子下面固定了滚轮，然后在大厅中滑着滚轮演奏小提琴。当梅林滑进大厅时，大家并没有感到特别惊讶，因为他径直向一面镜子冲过去了，但可惜的是他的滚轮上并没有安装制动装置。此后，梅林被很多人视为轮滑最早的发明者。内联溜冰鞋是梅林发明的轮滑的升级版。鞋子上的四个轮子不是像轮滑一样分为两排排列，而是排成一条直线。有了内联溜冰鞋，我们就可以做各种跳跃和花样动作了。如果想滑得更快些，还可以选择五轮的溜冰鞋。

积木谜题

　　奥斯卡喜欢搭积木。小朋友们能在图片上看见多少块方积木呢？看不见的又有多少块呢？

走迷宫

史蒂芬、莉莉和蒂姆想在互联网上学习一些关于地球的知识。他们有3个网址可以选择，哪一个是正确的呢?

猜谜游戏

　　从人类出现开始就有了猜谜游戏。在一个距今约4000年历史的纸草卷上，人们发现了最早的猜谜游戏。横纵格填字游戏最早出现在1913年，是由记者亚瑟·韦恩发明的。20世纪20年代起，欧洲各大报纸和杂志上也开始刊登横纵格填字游戏。

视频游戏

　　1972年，美国人诺兰·布什内尔发明了第一款视频游戏，并将其命名为"Pong"。这是一款乒乓球游戏：屏幕上两个球拍来回击打乒乓球。这款游戏大受电玩迷欢迎，也激发游戏研发者研发出更多其他游戏。

魔方

　　小朋友们对五颜六色的魔方一定不会陌生。魔方由54个小方块组成，我们可以通过转动变换它们的位置。初始状态下，魔方的各面都有单一的颜色。当我们转动魔方时，各面的单一颜色开始变化，这需要我们继续转动来恢复原貌。这听起来也许非常简单，真正操作起来却非常棘手。这种可以培养耐心的游戏是由匈牙利的建筑师厄尔诺·鲁比克发明的，他的初衷是想通过这些小方块儿来训练学生的空间思维。

自测考场

小朋友们，我们的发明与发现之旅已经告一段落了。你们掌握书中的知识了吗？不妨来自我检测一下吧！

1. 哥伦布发现了哪一个大洲？
   - [ ] 澳洲
   - [ ] 亚洲
   - [ ] 美洲

2. 环游世界的第一人是谁？
   - [ ] 费迪南德·麦哲伦
   - [ ] 詹姆斯·库克
   - [ ] 瓦斯科·达伽马

3. 我们使用的数字叫什么？
   - [ ] 印度数字
   - [ ] 罗马数字
   - [ ] 阿拉伯数字

4. 第一支疫苗是用来对抗什么病的？
   - [ ] 天花
   - [ ] 百日咳
   - [ ] 流感

5. 在马之前人们用什么动物拉车？
   - [ ] 骆驼
   - [ ] 牛
   - [ ] 大象

我问你答

1. 你觉得哪些发明和发现特别有趣？

_____

_____

_____

2. 你觉得哪个发现最好？为什么？

_____

_____

_____

3. 你觉得哪项发明最好？为什么？

_____

_____

_____

4. 在本书中你学到什么新知识了吗？可以举个例子吗？

_____

_____

_____

5. 你最想发明什么呢？

_____

_____

_____

答案

第3页：

第5页： LIGHTNING AND THUNDER（闪电和雷鸣）

第9页：

第12页： GOOD TRIP（一路顺风）

第15页： 4-2-1-6-3-5

第16页：

第18页： C

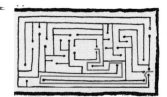

第24页： 40

第29页： 2号

第30页： C

第38页： 6-3-2-4-1-5

第40页： 9个

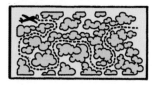

第45页： B

第48页： 1-G，2-D，3-E，4-C，5-A，6-F，7-H，8-B

第49页： 25+10-15+3=23

第51页：

go shopping（购物），

go swimming（游泳），

do homework（做作业），

play football（踢足球），

watch TV（看电视），

read books（读书）

第52页： 电梯向上升

第57页： A和D

第58页： 1号

第61页： 3和12

第66页： 1-C，2-E，3-A，4-G

第68页： 1A和3B，2A和1B，3A和2B

第69页： 鸡蛋，因为它既不是水果也不是蔬菜。

第70页： 每只企鹅可以分到两条鱼，因为一共6只企鹅、12条鱼。

第77页：

SUGAR（糖），

CREAM（奶油），

WATER（水）

第80—81页：
灯、电熨斗、吸油烟机，电冰箱、收音机、闹钟、煤气灶、搅拌机、面包机、咖啡机、吸尘器、洗碗机、微波炉、洗衣机、干燥机

第84页：

第87页：
1-AMBULANCE（救护车），
2-NURSE（护士），
3-WHEELCHAIR（轮椅），
4-OPERATION（手术），
5-FLOWER（花），
6-VISITOR（来访者），
7-DOCTOR（医生），
8-BED（床）

第89页：听诊器

第93页：C

第94—95页：A和D，B和H，C和F，E和G

第97页：2欧元

第98页：
$0.1 \times 5 + 0.74 \times 20 + 0.60 \times 40 + 1.44 \times 5 = 46.50$

第101页：

第102页：FINAL

第105页：能看见的有16块，看不见的有5块。

第106页：B

第108页：1-美洲，
2-费迪南德·麦哲伦，
3-阿拉伯数字，
4-天花，5-牛

图片来源

感谢Dieter Hermenau、Domenik Mader、Manfred Tophoven、Marcin Bruchnalski、Susanne von Poblotzki、Stefanie Schuler、DEIKE PRESS、Silvio Droigk、Josef Prchal、Herbert Pohle、Dieter Stadler、Antina Deike-Muenstermann、Wolfgang Deike、Michael Busch、Britta van Hoorn、Stefan Hollich、Wolfgang Huelk、Christian von Dreger、Claudia Zimmer、Kerstin Migendt为本书提供图片。

北京市版权局著作合同登记　图字 01-2011-5048号

图书在版编目（CIP）数据

发明与发现 /（德）克里斯汀编著；
贾小屿译. —北京：中国铁道出版社，2013.12
（聪明孩子提前学）
ISBN 978-7-113-17581-8

Ⅰ.①发… Ⅱ.①克… ②贾… Ⅲ.①创造发明—世界—少儿读物 Ⅳ.①N19-49

中国版本图书馆CIP数据核字（2013）第257026号

Published in its Original Edition with the title
Erfindungen und Entdeckungen: Clevere Kids. Lernen und Wissen für Kinder
by Schwager und Steinlein Verlagsgesellschaft mbH

Copyright © Schwager und Steinlein Verlagsgesellschaft mbH

This edition arranged by Himmer Winco

© for the Chinese edition: China Railway Publishing House

Himmer Winco

本书中文简体字版由北京永图兴码文化传媒有限公司独家授权，全书文、图局部或全部，未经同意不得转载或翻印。

书　　名：聪明孩子提前学：发明与发现
作　　者：〔德〕安娜·克里斯汀 编著
译　　者：贾小屿

策　　划：孟　萧
责任编辑：尹　倩　　　编辑部电话：010-51873697
封面设计：蓝伽国际
责任印制：郭向伟

出版发行：中国铁道出版社（100054，北京市西城区右安门西街8号）
网　　址：http://www.tdpress.com
印　　刷：北京铭成印刷有限公司
版　　次：2013年12月第1版　　2013年12月第1次印刷
开　　本：700mm×1000mm　1/16　印张：7　字数：120千
书　　号：ISBN 978-7-113-17581-8
定　　价：78.00元（共4册）